未来哲学系列

技术统治

孙周兴 著

上海人民出版社

目　录

第二章

现代技术与人类未来

.... 43

第三章

海德格尔与技术命运论

.... 111

本书正文三章，尝试在"技术统治"主题下，探讨现代技术之本质及其效应，区分"自然人类文明"与"技术人类文明"，"自然人类生活世界"与"技术人类生活世界"，以及与此相应的两种统治方式，即"政治统治"与"技术统治"，并且借助海德格尔后期的技术之思，形成"技术命运论"，以之作为技术统治时代的思想策略和生存策略。我自以为由此形成了一套关于技术时代的分析和讨论框架，并且在立场上有望跳出技术乐观主义与技术悲观主义的习惯套路。然而，必须承认，我使用或提出的这些概念和说辞都还不是理所当然的，可争可议者不少。

首当其冲的是"技术统治"。什么是技术统治？如何确当地理解技术统治？我在正文中检索了一下这个专名，发现我并未对之做过明晰的界定。在这里我想给出三个规定，也算是补做一次总结。

第一，技术统治是人类世的基本标志。作为一个地质学概念，"人类世"（anthropocene）被用来标识一个地球新世代，其证据是工业化时代地球地层沉积物成分的明显变化；作为一个哲学概念，它表示一个技术工业造成的文明大变局，即自然人类文明向技术人类文明的转变。无论在何种意义上，"人类世"都意味着"技术世"，意味着一个技术主导的地球演化阶段与地球人类文明的新时代。在技术工业启动之后不久，尼采就预言一个争夺地球统治权的时代到了。人类世可以表明，尼采所讲的这种"争夺"已经完成了。

第二，技术统治是技术生活世界的统治方式。汉语"统治"一词的字面意义是"统率治理"，它的一般含义则指运用权力支配领土和个人。我大概更愿意采纳其字面意义，也即从更宽大的"治理""管理"意义上来理解"统治"。统治是权力的实现，而权力无处不在。在自然人类生活世界里，作为权力之实现的统治主要是通过商谈和讨论来完成的，民主政治是这样一种统治方式，非民主制度虽然商谈程度较低，但也还具有这种统治色彩。我把自然人类这种以商谈方式实施的统治称为"政治统治"。而有别于自然人类的政治统治，人类世的技术统治是技术生活世界的统治方式，它主要是通过计算或算法来完成治理和管理的——虽然商谈方式依然起着重要的作用。人类世的一个重要标志就是技术统治压倒了政治统治。其实马克思早就洞见了这一点，他看到可交换价值的支配性地位，而交换的核心就是计算。在今天，政治统治方式当然还在延续，可以说与技术统治并存和纠缠，或者更应该说，如今的技术统治往往通过政治统治表现出来。

最近几十年，数字技术突飞猛进，人际交往除了"具身交往"之外，越来越多地转变成"数字交往"了。如果说以前的工具和机械都是人手的延伸和加强，那么，现在的手机才是名副其实的"手的机"，主要通过手机，我们扩展了自己的存在。在社会生活中，我们明显感受到，量化—计算的管理方式已经越来越成为最重要的方式，我们的决断和决定基本取决于量化计算。数字定位和监控系统更是把每个个体纳入一个大数据体系。

越来越无力回应大数据技术社会的政治统治（无论何种政制）转而运用数字技术来巩固和加强自身的势力，从而获得了重振——差不多是"回光返照"了。

第三，技术统治是自然人类的天命。这差不多是马丁·海德格尔的想法，他是从"存在历史"（Seinsgeschichte）的角度来探讨现代技术的本质的。海德格尔把前苏格拉底的思与诗看作"存在历史"的"第一开端"，而广义的哲学或广义的科学（episteme）的出现是"第一转向"，转向了形而上学；这种形而上学在近代完成了向主体性—对象性思维的哲学转换，同时形成了普遍数学的知识理想，后者进而与实验科学相结合，才生成了18世纪后半叶的技术工业（即第一次工业革命），特别是19世纪后半叶电光世界的开启（第二次工业革命），导致了一个新技术世界的形成——海德格尔称之为"存在历史"的另一开端，也意味着"另一转向"。现在，我们可以更清晰地看到，海德格尔所谓的"另一转向"实际上就是自然人类文明向技术人类文明的转换。海德格尔看到了"存在历史"运动的最后结局，即一个技术统治时代的到来。"存在历史"的天命所致，是因为现代技术终于进展为一种超越自然人力的支配性力量。我所说的"技术命运论"就是在此前景中提出来的。技术命运论并非消极无为的宿命论，而是一种直面技术世界的后主体主义的思想策略。

以上三点差不多是我对"技术统治"的总结性规定。技术决定论和技术乐观主义是今天人们普遍愿意接受的观点和立场。虽然不太愿意承认，但我所谓的"技术统治"确实比较接近于技术决定论，只不过，我更希望以海德格尔的方式把它理解为"存在天命"，形成技术命运论的主张。至于技术乐观主义，我是完全反对的，它与我的技术命运论的情调根本不合，而且是一种已经被证明有害无益的虚妄之见。

2023 年 12 月 9 日记于余杭良渚

第一章
技术统治与类人文明[1]

随着现代技术的加速进展，现在我们得以越来越清晰地认识到，尼采所谓的"上帝死了"不仅意味着基督宗教的颓败，更应当意味着自然人类精神表达方式的衰落，即传统宗教、哲学和艺术

1. 本文系作者 2018 年 6 月 24 日在《开放时代》杂志社、北京大学中国社会与发展研究中心主办的"第五次开放时代工作坊——技术与社会"上做的报告，感谢北京大学哲学系干春松教授的点评。原载《开放时代》，2018 年第 6 期。收入本书时做了较大幅度的增补。

的衰落，换种说法，是自然的人类文明正在过渡为技术的"类人文明"，技术成了一种统治力量，技术统治压倒了政治统治。"类人文明"这个表述主要指向人类身—心的双重非自然化或技术化，即目前主要由生物技术（基因工程）来实施的人类自然身体的技术化，以及由智能技术（算法和机器人技术）来完成的人类智力和精神的技术化。本文进一步认为，未来哲学的根本课题恐怕在于：如何提升全球政治共商机制，以节制技术的加速进展，应对可能的技术风险，平衡技术的全面统治。

很高兴参加今天的"技术与社会"工作坊。我这次主要是来学习的。本人虽然是理科（地质学）出身，但如今，加速发展的现代科技对我来说主要是传说和想象了，需要重新学习。我曾经断言：在今天，人文科学（人文学者）与自然—技术科学（技术专家）之间的隔阂是有史以来最深最大的，原因是多方面的，主要跟我下面要讨论的技术统治有关，但也跟人文学者的"乐园情结"和无介入能力有关。现在大家仿佛被逼急了，总算有了一些介入的姿态和动作，比如我们今天的会议。

我今天报告标题中的两个提法，即"技术统治"与"类人文明"，是我近期正在重点琢磨的主题。"技术统治"的对应项是"政治统治"，我的说法是"技术统治已经压倒了政治统治"；"类人文明"的对应面则是"人类文明"，我的说法是"自然的人类文明正在颠倒为或者过渡为技术的类人文明"。我们的世界历史性的人类文明正处于——已经处于——重大的、断裂性的变局之中，上列两点可以用来表达这个史无前例的文明变局。而要讲清楚这个大变局，我们还得从尼采开始。

一、"上帝死了"：技术统治时代的到来

大致从1884年起，哲人尼采开始讲他著名的"查拉图斯特拉故事"。在《查拉图斯特拉如是说》的序言中，尼采告诉我们：查拉图斯特拉在山上修炼十载，终得正果，于是下山，跟人说"上帝死了"，但没人睬他。1889年1月初，尼采在意大利都灵街头疯掉了；1900年8月25日，这个落寞的疯子终于死于德国魏玛。我们大约到现在才能真正反应过来，原来尼采所谓的"上帝之死"就是"人之死"，即自然人类的颓败和没落。

长期以来，人们以为尼采说的"上帝死了"

只不过是——主要是——欧洲基督宗教和伦理的失势和沦丧，是基督教价值体系和基督教文化的崩溃。这当然是真的，而且已经在20世纪的欧洲—西方的生活世界中充分表现出来了。不过，仅仅停留于这样的看法显然还是不够的，还不免肤浅。首先是因为，尼采的"上帝死了"不只是针对基督教和神学来说的，也是针对哲学（存在学／本体论）来说的。后期尼采自称"积极的虚无主义者"，并且进一步界说了虚无主义者要做的"双重否定"，即：

> 对于如其所是地存在的世界，他断定它不应当存在；对于如其应当是地存在的世界，他断定它并不实存。[1]

1. 尼采：《权力意志》上卷，科利版《尼采著作全集》第12卷，9〔60〕，孙周兴译，商务印书馆，2007年，第418页。

尼采此说直截了当，而且极为精准，但个中意义不容易理解。什么叫"如其所是地存在的世界"？什么叫"如其应当是地存在的世界"？此类表述译成中文后几成难以索解的鬼话。我们这里只好简而言之，尼采所谓"如其所是地存在的世界"指向本质或存在事实，其实就是哲学——存在学／本体论——构造出来的"本质世界"或者"观念领域"；而所谓"如其应当是地存在的世界"指向应当或理想，其实就是宗教——基督教神学——构造出来的"神性世界"或者"理想世界"。所以，尼采这个断言的前半句否定了希腊哲学传统，后半句否定了希伯来—犹太基督教神学传统，从而全盘否定了欧洲传统形而上学，于是有了"虚无主义"。

然而在我看来，更为要紧的事情是要认识到，传统哲学和宗教——尼采一概称之为

"柏拉图主义"——乃自然人类的精神状态的主要构成方式和表达方式。尼采肯定已经看到了——预感到了——这一点。通过哲学和宗教，传统的自然人类变成了"理论人"和"宗教人"。在早期的《悲剧的诞生》(1872)中，尼采就已经告诉我们：自哲学产生之日起，特别是苏格拉底这个希腊"丑八怪"出现之后，伟大的悲剧艺术猝然死去，理论文化成了欧洲的主流文化，欧洲人就成为"理论人"了。尼采进而批判基督教文化，认为耶稣把当时已经存在的基督徒的生活方式系统化了，从而生成了基督教的教义和教条，欧洲人终于也成了"宗教人"。

　　无论是"理论人"还是"宗教人"，在尼采看来都是以"超感性世界"（"另一个世界"）为追求目标的"颓废人"，都是去自然化（去身体化）的病弱者。全面清算"理论人"和"宗教人",可以说是尼采毕生思想的基本任务,尤其是后期尼采所谓的"权力意志"概念和忠实于大地的"超人"理想,传达了他要挽救"感性世界"和提振自然人类生命力的隐含意旨。尼采生得太早了,他自己也知道这一点,说自己的读者在100年后——不过在这一点上,他显然低估了自己的思想力量。事实上,尼采在死后不久就成了"哲学明星"和哲学讨论的持久热点。

现在我们看到,以"上帝死了"的预言,尼采英明地预见了自然人类文明的衰落和终结,即传统哲学—宗教—艺术的终结,或者我愿意说:自然人类精神表达系统的崩溃。诚然,跟马克思一样,尼采身处大机器工业生产时代,大概还只能算是技术工业发展的初级阶段,他甚至连飞机都没见过,更未能亲历现代技术的加速进展和现代技术统治地位的快速确立。但他与马克思一样具有"未来之眼"，洞见到了一个文明大变局的到来。

尼采死后，欧洲哲学和科学开始强劲反弹，1900 年出现的弗洛伊德的精神分析和胡塞尔的现象学哲学，正是其中的标志性事件。之后约 30 年间，有一批哲学家追随胡塞尔的现象学哲学，形成了一股存在学 / 本体论（Ontologie）复兴风潮，他们纷纷标榜自己的哲学是存在学 / 本体论，堪称一时奇观。现象学及存在学 / 本体论哲学甚至被称为欧洲哲学史上继古希腊哲学和德国古典哲学之后的第三个高峰。他们的意图在于重振欧洲知识理想，或者为欧洲的知识理想奠定一个新的基础。然而，相继发生的两次世界大战却残忍地粉碎了欧洲知识人的最后梦想，这一场主要以现象学和存在学 / 本体论为标识的最后的哲学盛宴终于破灭，而这同时也是欧洲中心主义的破灭。

海德格尔参与和经历了上述历史变故，他的《存在与时间》（1927）就是所谓存在学／本体论复兴运动的顶峰之作。然后进入20世纪30年代，在第二次世界大战的枪炮声中，海德格尔跟上了尼采的节奏，开始从整体上彻底批判传统形而上学，终于悟及存在历史之"天命"乃是现代技术。命已定，不可抗。把形而上学批判坐实于技术批判，这是海德格尔超出尼采的地方，而这一步是他在30年代中期的《哲学论稿（从本有而来）》[1]中完成的，同时，他也形成了对自己的前期哲学的自我批判和修正。

海德格尔的技术哲学被认为是最深的也是最难的，说最深，是因为他把现代技术问

---

1. 海德格尔后期的隐秘之书，包含着这位思想家后期思想的基本内容，参看海德格尔：《哲学论稿（从本有而来）》，孙周兴译，商务印书馆，2014年。

题形而上学化了，更准确地说是把它"存在历史化"了；说最难，主要是因为他所做的关于现代技术之本质的规定，即他讲的"集置"（Ge-stell，一译"座架"），被说成 20 世纪最晦涩难懂的哲学词语。其实我认为，我们大可不必把海德格尔的技术之思弄得过于复杂。从大的格局上看，海德格尔无非想说，现代技术—工业—资本（商业）体系起源于现代（近代）科学，而现代（近代）科学脱胎于古希腊哲学和科学（形式科学）。他这个想法有无道理呢？当然有，今天占领和席卷全球的技术网络和大数据，难道不就是以一门形式科学为基础的吗？今天这个算法时代，难道不是脱胎于古希腊的形式科学吗？若然，今天全球人类就都处于古希腊哲学和科学的规定之中，现时代就是古希腊的。

诚然，海德格尔试图把现代技术（Technik）

11

与古希腊的技术/艺术（techne）区分开来，但这种区分与我们上面的判断并不冲突。作为精通/知道的techne依然具有手工性，体现着希腊人与自然（physis）的模仿（mimesis）关系。现代技术则是以现代主体性形而上学为基础的，而且实现了形式性与实验性的神奇结合——普遍数理的形式科学是如何可能被实验化，或者说被转化为实验科学的？迄今为止，这似乎还是一个未解的课题。最关键的一点在于，现代技术把主体性形而上学的主—客对象性关系展开为一种人与自然的暴力关系，技术成为人类控制自然，最后也返回来控制自身的支配性力量。在20世纪50年代的一篇文章中，海德格尔就做了一个预言：人类马上要开始通过技术来加工自己了，而当时生物技术（基因工程）尚未真正起步。

如前所述，海德格尔用 Ge-stell 一词来规定现代技术的本质。我愿意重复强调的是，我为此提供了一个完全字面的汉语翻译，即"集置"，因为面对这个充满歧义的外来哲学词语，我认为只有这样的字面翻译是最安全的，或许也是最可靠的，留下了更多的意义联系和更大的解释空间。德语 Ge-stell 的前缀 Ge- 就是"集"，而词根 stell 就是"置"和"设"。依我的理解，海德格尔是以"集置"来描述现代技术以多样的方式对事物的"处置"，对事物的"置"和"设"的。[1]

---

1. 比如"表置"或者"置象"（vorstellen，通译为"表象"），"置造"（herstellen，生产、制造），"订置"（bestellen），"伪置"（verstellen，伪装），等等，所有这些"置"和"设"的方式集合起来，就是海德格尔所谓"集置"（Ge-stell）的意思了。

海德格尔的"集置"也表明了现代技术统治地位的确立。但所谓的"技术统治地位",却要在第二次世界大战结束之际才为人们所认知。1945 年 8 月 6 日早上 8 点 16 分,美军在日本广岛投下了一颗原子弹,相当于 2 万吨 TNT 能量的核弹在 600 米上空爆炸,6000 多度的高温把一切化为灰烬,冲击波使所有建筑摧毁殆尽,强烈的光波使成千上万的人双目失明,许多人的眼睛变成了两个窟窿,近 20 万人丧生。以前冷兵器时代的自然人类哪里能想象这样一种极端的大规模屠杀!广岛原子弹爆炸震惊了全人类。第二次世界大战于此宣告结束。作为原子弹研发的推动者,爱因斯坦当日就知道了日本原子弹爆炸,他震惊之余深感后悔:"我现在最大的感想就是后悔,后悔当初不该给罗斯福总统写那封信……我当时是想把原子弹这一罪恶的杀人工具从疯子希特勒手里抢过来。想不到现在又将它送到另一个疯子手里……我们为什么要将几万无辜的男女老幼，作为这个新炸弹的活靶子呢？"[1] 此后几年里，爱因斯坦积极投身和平事业。在 1948 年 7 月致国际知识界和平大会的信中，爱因斯坦写道："作为世界各国的知识分子和学者，身负着历史重任，我们今天走到了一起……我们从痛苦的经验中懂得，光靠理性还不足以解决我们社会生活的问题。深入的研究和专心致志的科学工作常常给人类带来悲剧性的后果。"[2]

几年以后，海德格尔的弟子、阿伦特的夫君安德斯终于回过神来，意识到随着原子

1. 参看马栩泉：《核能开发与应用》，化学工业出版社，2005 年，第 169 页。
2. 参看杨建邺：《科学的双人器：诺贝尔奖和蘑菇云》，商务印书馆，2008 年，第 269—270 页。

弹的爆炸，一个新时代到来了："1945 年 8 月 6 日，人类开创了一个新的时代，从这一天起，人类具有了彻底灭绝自己的能力。"[1] 这个新时代，安德斯把它称为"绝对的虚无主义"的时代，并且认为，原子弹标志着世界、人类和时间的终结。哲学家安德斯从此不再做哲学，就像奥斯威辛之后不可写诗。

广岛原子弹的爆炸以一种极端的方式宣告了技术统治时代的来临，一个由现代技术决定的所谓"绝对的虚无主义"时代的到来——以我的说法，技术统治已经压倒了政治统治。政治统治是自然人类约 2500 年文明社会的基本统治方式，它通过商谈来实现。无论是古代的专制政制，还是现代的民主制

---

1. 参看安德斯：《过时的人》第一卷，范捷平译，上海译文出版社，2010 年，第 8 页。

度，虽然程度不等，但都是通过商谈来完成的政治统治和治理。特别就欧洲而言，政治统治的核心的组织力量是哲学和宗教——哲学通过本质主义（普遍主义）方式为集体组织提供论证和辩护，而宗教通过信仰主义方式为个体心性提供慰藉和救赎。所以，当尼采宣告"上帝死了"，即传统哲学和宗教衰落时，他已经预见了传统政治统治时代的终结。

海德格尔也总算先知，他看到了这样一个真相：战争和政治只是表层和表象，而作为集置的现代技术才是根本。而一旦确认现代技术的统治地位，无论思想立场还是生活姿态，都得有一个根本性的转换。

二、致命风险：现代技术四大因素

前面讲的原子弹只是现代技术中最显性

的风险因素。原子弹爆炸之后，现代技术呈现不断加速之态，表面上太平盛世，但实际上今日人类面临现代技术的风险越来越大。我把其中最大的技术风险概括为如下四项：核武核能、环境激素、基因工程和智能技术，可简化为核能—激素—基因—智能。这四项是深度地改变自然人类，甚至对人类造成致命作用的现代技术因素（技术风险）：

第一，核武核能（Nuclear Weapon and Nuclear Power）：这个技术因素与物理学学科（核物理）的进展有关。1945 年 7 月 16 日，第一颗原子弹在美国新墨西哥州阿拉默多尔引爆；20 天后，美军在日本投下两枚原子弹，直接导致第二次世界大战的结束。此后，核武器一直受到政治控制，至今再也没有被用于战争。1968 年的《核不扩散条约》限制了核技术国际贸易。20 世纪 50 年代开始，人类和平利用核能，即建设核电站，就是利用核裂变（Nuclear Fission）反应释放的能量产生电能的发电厂。60年代末至70年代，世界上出现了大批单机容量在600—1400MWe的标准化和系列化核电站，至2015年底，世界上共有448座核电站。但核电站报废之后核废料的处理一直是一大难题，我们知道，美国三里岛核电站、苏联切尔诺贝利核电站、日本福岛核电站均发生过泄漏事故。迄今为止，对已经在地球上出现，而且将越来越多的核废料，人类还根本找不到周全的应对之策。尽管核弹的惊人震慑作用似乎为战后人类带来了和平，核能的开发利用至今也还没有引发巨大的毁灭性灾难，但两者都是悬于人类头上的"达摩克利斯之剑"。

第二，环境激素（Environmental Endocrine）：这个技术因素与化学学科有关，或者说是化学工业造成的后果。与其他几个技术因素相比，环境激素是比较隐蔽的一类，对许多人来说还是陌生的，但如果我们放大一些说水污染和土壤污染，人们就非常了解了。什么是环境激素？按照科学的定义，环境激素指"干扰动物与人体正常内分泌机能的外源性化学物质"。[1] 环境激素对生物体生殖、发育等机能产生阻碍和伤害作用，甚至有引发恶性肿瘤与生物绝种的可能，直接危及生物多样性和生物安全，如今已经对自然人类和其他物种的繁殖构成了威胁，成为当代世界最敏感和最严重的生态环境问题之一。简单

---

1. 曾北危、姜平主编：《环境激素》，化学工业出版社，2005 年，第 1 页。我之所以要把环境激素单列为现代技术的"四大件"之一，原因在于它是现代化学工业导致人类生存环境恶化的最显著标志，而且将危及作为物种的自然人类的延续。

说来，环境激素就是一种削弱人类和动物的生殖能力的化学物质，所以有"化学去势"（chemical castration）一说。十几年前的一个科学报告表明，在过去50年当中，地球上的雄性动物的雄性能力已经下降了一半，而再下降一半只需25年。越发达的国家（工业化程度越高），男性越虚弱，而工业化程度低的族群则还有较强的生育能力。现在为什么欧洲出问题了？因为非洲和中东的移民进入欧洲后还有较强的繁殖能力，而欧洲人却不想，也不能生育了，也就是说，生育的能力和意愿都大幅下降。[1]不光是人类男性，一

1. 最新数据说巴黎黑人和与黑人混血的人口占48%，已经到了这样一个比例，那么巴黎还是白人的巴黎么？这种情况会越来越严重。但还有另一句话：欠工业化族群的好日子也不长了，因为技术工业是全球化的，包含在水和空气中的环境激素是全球流通的，任何动物都脱不了身，最后都会拉平的。

般动物也一样，比如公蜂也出问题了，这将直接危害生态系统中的生物链。这些都是拜环境激素所赐。今天越来越严重的人类性衰败或性萧条，以及人类生育意愿的下降，都只是环境激素影响下自然人类颓败的表现和后果。[1]

第三，生物技术（Biotechnology）：它是一个主要与生物学学科相关的综合性学科领域。生物技术指用活的生物体及其物质来

---

[1] 有美国学者用"性萧条"（sex recession）来描述当代人类普遍性欲下降的现象。人们对此现象的解释各色各样，诸如所谓"约炮"文化的兴起、巨大的经济压力、飙升的焦虑人群比例、脆弱的心理健康、抗抑郁药物的广泛使用、网上黄片、按摩棒的流行、交友软件、智能手机、信息超载，等等，但我认为这些都不是根本性的，根本的原因在于环境激素导致人类自然能力的加速下降。相关讨论可参看 Kate Julian, "Why Are Young People Having So Little Sex?", in: *The Atlantic*, No.12, 2018。

改良植物和动物，或者为了特殊用途而培养微生物的技术。作为当今世界发展最迅猛的学科，生物技术完全可能对未来生命本身和未来人类文明产生决定性的作用和影响。以色列历史学者尤瓦尔·赫拉利在《人类简史》中断言："智人"在生物工程（基因工程）、仿生工程和无机生命工程（即人工智能）的发展下，将创造出现有人类无法定义的新物种，这已经不仅仅是拥有超能力的超人，而是终结7万年智人历史的数字物种，近似于神的存在。在《未来简史》中，赫拉利进一步指出，人类将通过生物技术开启"长生"之路，"智人"将成为"神人"。但是，由于这种技术涉及对人类自身的自然性（本性）的改造和加工，又由于这种技术目前的进展含有种种不确定性，今天人们对它的反应是惧怕和恐慌居多。

第四，人工智能（Artificial Intelligence，英文缩写为 AI）：这个因素主要与数学学科相关，是目前最热门，也最有争议的技术领域。但要给人工智能下定义也不容易，最简单的定义是美国麻省理工学院帕特里克·温斯顿（Patrick Winston）教授给出的，说人工智能就是"关于可实现思维、推理和行为的计算的研究"。[1] 人工智能的核心是算法，当然是以计算机和大数据为基础的，所以在我看来，人工智能根本上是起源于古希腊的形式科学（比如几何学、算术、逻辑学等）和欧洲近代"普遍数学"（mathesis universalis）理想的终极实现。对于人工智能，今天人类的反应是复杂多样的，可谓众

---

1. 帕特里克·温斯顿：《人工智能》，崔良沂、赵永昌译，清华大学出版社，2005 年，第 10 页。

说纷纭，乐观的与悲观的声音都有。雷·库兹韦尔（Ray Kurzweil）的"奇点理论"假设，人类与其他物种（物体）相互融合的"奇点"即将到来，"奇点"也就是电脑智能与人脑智能兼容的那个神妙时刻，或者说人工智能超越人类智能的时刻。库兹韦尔给出预言，声称这个"奇点"时刻是 2045 年。[1]

所谓"技术风险"，当然是对自然人类的自然存在而言的。自然人类一直面临的风险来自自然的不可测、不可知和不可抗的运

---

1. 库兹韦尔的说法是："我们血液中的智能纳米机器人会保护我们的细胞和分子，进而维持我们的健康。这种纳米机器人还会通过毛细血管进入大脑，并与我们的生物神经元互动，直接扩展我们的智力。……基于加速回报定律，在未来的 30 年间，这些技术的功能会比现在强大十亿倍。"参看雷·库兹韦尔：《人工智能的未来》，盛杨燕译，浙江人民出版社，2016 年，第273 页。

动和变化，比如地震、火山、海啸、洪水和瘟疫（流行病），可称为"自然风险"。现代技术工业在防灾和防疫方面取得了重大进展，比如自然灾难预测和技术救助，又比如通过疫苗和药物对流行病的防御和治疗。就人类历史上的瘟疫而言，在技术时代也依然在发生重大疫情，但总的来说疫情危害不断降低，历史上动辄造成上亿人死亡的大规模疫情不再出现——1918年的"西班牙流感"致死5000万人，应该是自然人类遭遇的最后一次大疫情。这当然是现代技术为人类带来的福祉，但它同样也带来了我所谓的技术风险，而且同样难控和难抗。

回头来看，上面讲的四大技术风险其实是由物理学、化学、生物学和数学四门基础科学造成的效应和后果，也可见出基础科学的力量。由物理学带来的核武核能，是现代技术统治地位的最直接、最赤裸裸的宣示。主要由化学工业和制药技术产品带来的生存环境恶化，最早也最隐蔽地开始改造——败坏——碳基人类生命。生物学在最近几十年里突飞猛进，特别是基因技术的进展，让人类已经进入海德格尔所说的控制、编辑和加工人类自身的过程了。最后是以数学及相关学科为基础的智能技术，在我看来，其本质就是人类精神和心灵的技术化或者说计算化（算法化）。

三、类人文明：人类身一心的非自然化

"类人"是我对未来新人类的规定和预期。我所谓的"类人"并非费尔巴哈为了强调人的类本质而提出来的"类人"。我指的是今天已经开始、未来将加速实现的被非自然

化或被技术化的人。类人根本上就是"技术人"。从人类到类人，从自然人类文明到类人文明，是技术统治时代里正在发生的过渡或反转。其实，这种过渡或反转在一定程度上已经实现了，因为今天的人类已经算不上严格意义上的自然人类了，比如正如我们前面描述的，由技术工业制造出来的化工产品和药物导致的环境激素，已经在整体上改变了包括人类在内的地球动物的体液环境和体液构成，特别是使雄性动物的自然繁殖能力大幅度下降。就此而言，碳基生命的根基已经受到了动摇。

向类人文明的过渡就是自然人类身体与精神两个方面的非自然化或技术化。在身体方面，主要通过环境激素和基因工程，自然人类的体质正在被加速技术化。一是我们前面所述的环境激素正在摧毁人类的自然生命，自然人类赖以繁衍的地球生物链面临断裂和破碎。二则是基因工程正朝着在技术上克服衰老和死亡、不断延长人类生命的方向前进。这就造成了一种相互冲突的局面：环境激素将导致自然人类生命的衰弱和速朽，无人能逃避，只有程度（速度）上的差异，比如先进工业化的族群与后进工业化的族群之间的差异；而基因工程似乎正在帮助人类实现"永恒"和"永生"的美梦——这不正是传统哲学和宗教的一贯梦想吗？

其实在我看来，这是人类自然（身体）被技术化的同一过程的双重表现：一是人类生命被技术所阉割，日益失去自然繁衍的能力；二是人类通过技术而获得永生。在阉割中永生，这是何种纠缠？

与人类身体的技术化相比较，人类精神／心智的技术化更加显赫，因此也是更让人恐慌的。那就是近几年来被广泛和热烈讨论的智能技术（机器人技术）的飞速发展。智能技术的核心是算法。因此，人类精神的技术化实际上就是计算化、算法化和数据化。我们知道，当前人工智能技术还只是在初级阶段（所谓"弱人工智能阶段"），但相关的争论、预言和猜测已经铺天盖地。在我看来，关键问题只在于未来的人—机关系，即人机终将和谐共生（人机合体）还是人类终将被机器人所掌控和支配，甚至人类终将丧命于机器人。有人把智能技术称为人类"最后的发明"；有人预言人类将在百年之内被人类的产品——机器人——所消灭。已故的物理学家霍金恐慌地断言，人类将亡于机器人，人类只有100年左右的时间了。霍金的立论估计主要是出于智力方面的考虑，因为机器人下围棋已经胜过了世界顶级高手，以后还将有超越人类千倍万倍的智力，这时候当然可以担心我们自然人类怎么办。有数据表明，犹太人的平均智商要比美国白人高出 15 个点，他们在各个领域的优势已经十分可观了，如果将来有超越人类千倍万倍亿倍的智力类型，那将如何了得？自然人类还有存在的价值吗？[1]

但我们看到也有少数乐观主义者，他们主张人工智能是一种解放力量，认为人工智能将彻底地解放人类，那将是一种智力和体力两方面的彻底解放；他们认为人—机最后

---

1. 按照我的猜度，霍金的预判是有道理的，因为技术工业从 1760 年光景开始，到 1945 年（原子弹爆炸）是个巨大的转折点，这之间大约 180 年，如果可以假定一种曲线对称原则的话，再往下走还有约 180 年，人类和人类文明将进入一个新的状态。180 年已经过去了八九十年，所以说后面还有 100 年，说的是自然人类还有 100 年左右。但根本上，以后的人类运势到底如何，恐怕还没有人说得上来。

会构成一个新系统，未来人工智能不会试图奴役人类，相反，"人工智能、机器人、过滤技术、追踪技术以及其他技术将会融合在一起，并且和人类结合，形成一种复杂的依存关系。在这个层级中，许多现象发生的等级将高于现存的生命以及我们的感知水平，而这就是'奇点'出现的标志"。[1] 这就是凯文·凯利提出的所谓"软奇点"，在他看来，我们创造的东西将让自己成为更好的人，同时我们也离不开自己的发明。

我个人倾向于凯利的"软奇点"之说。这大概是目前我能看到的最积极和最善意的未来预言了。我所谓的"类人"本来就是未来的技术化的新人类，是"技术人"或"智

---

1. 凯文·凯利：《必然》，周蜂等译，电子工业出版社，2016年，第338页。

能人",也可以说是人—机达到某种平衡的新人类型。在思想立场和姿态上，我会靠近尼采，主张一种"积极的虚无主义"，因为虚无主义命题不只是对人生无意义状态的判定，更是把人生无意义状态与自然人类文明的终结及一种新文明类型（我所谓的"类人文明"）的开启联系在一起，这时候，一味伤逝和哀叹只可能具有自残意义。

而"类人文明"的形成，将依赖于在不远的将来人类被普遍技术化过程中人文政治共商机制与技术资本体系之间开展的积极而艰难的博弈。

四、未来哲学的使命：如何提振
全球共商机制？

从效应上看，我们上面描述的现代技术

四大风险仿佛构成了相互对立、逆反的两组：核武核能与环境激素为一组，而智能技术与基因工程为另一组。核武核能和环境激素对自然人类具有致命的杀伤力，而智能技术和基因工程（生物技术）似乎是为抵抗前者而出现的。这种"搭配"可谓现代技术的一大"陷阱"，它使得简单的乐观派（科学乐观主义者）与悲观派（反科学—反技术主义者）姿态都丧失效力。智慧和狡猾如海德格尔者，就只好主张对技术世界持既"是"又"不"的态度。

既"是"又"不"是正在到来的类人生命和类人文明的基本特征。"类人生命"不再以自然人类的和谐理想为目标，而是展现为受制于技术统治的生命冲突和生命流变，即生命的技术化与技术化的生命。在人类向类人的过渡和转向中，世间一切都动荡起来了，类人文明成为一种动词／动态文明，正如前苏格拉底的早期文明（艺术文化）一样。有论者看到了这一点，断言"我们正在从一个静态的名词世界前往一个流动的动词世界"。[1] 变局如此突兀，我们对此还缺乏准备，还来不及准备。老基辛格（Henry A. Kissinger）最近说，这时候光有科技是不行了，需要哲学介入。

那么哲学如何介入？未来哲学何为？哲学的当务之急是什么？我想首先需要的是一种生命哲学，是关于类人未来新生命的规划。如上所述，人类已进入由技术所规定和推动的去自然化（非自然化）和技术化（计算化）的进程中了，而且正在不断加速推进。在人类向类人的反转中，生命问题突现为第一位的问题，生命的本质需要重新定义，生命形态和结构需

---

1. 凯文·凯利：《必然》，第 IX 页。

要重新规划，生命的价值和意义需要重新确认。如果通过基因技术，人类／类人寿命（存活期）被大幅度地延长，则生死、时间、代际、家庭、婚姻、生育、生产、劳动、人际等关乎生命的问题和现象，就都需要我们重新考量了。毫无疑问，关于类人生命的哲学将是另一种生命哲学，有别于关于自然人类的生命思考。尼采所谓"重估一切价值"的要求看来不仅指向过去，也是指向未来的。[1]

　　未来哲学将面临个体自由问题的全新处境。技术世界是一个同质化、同一化的世界，在未来甚至会越来越成为一个形式化、计算化的世界。在技术支配下，一方面，个体将被极端普遍化，因而极端虚空化，成为虚拟

---

1. 参看拙著《人类世的哲学》第四编第三章，商务印书馆，2020 年。

空间中一个无所不在的先验形式因子；而另一方面，这种普遍主义的同一化进程将消灭个体性，使个体淹没于虚无。个体若有若无。德国当代艺术家安瑟姆·基弗敏感地看到了这一点，即未来越来越推进的数码化，一个全面监控系统对于人类的虚无化作用。基弗断言："要是没有一种外部影响，要是没有一种灾难，则人类一直为之奋斗的自由，将渐渐地被这种监控所消除。"[1] 在技术极权主义时代里如何保卫个体性和个体自由，将成为未来哲学的一道难题。

今天我们看到，19 世纪后期以来发展起来的实存哲学 / 存在主义哲学，以及随后在 20 世纪下半叶兴起的当代艺术，它们在根本

---

1. 安瑟姆·基弗：《艺术在没落中升起》，梅宁、孙周兴译，商务印书馆，2016 年，第 246 页。

动机上是一体的，都是对传统本质主义（普遍主义）的同一性制度模式的抵抗，对个体实存意义和自由权利的主张，它们将在未来面临更严峻的挑战。

在类人文明中，技术将成为最大的政治。未来哲学的首要的和根本的课题恐怕在于：如何提升全球政治共商机制，以节制技术的加速进展，应对各种技术风险（包括技术工业未能消除的自然风险），制衡技术的全面统治？前述的类人生命的哲学思考和关于个体此在的实存哲学—艺术哲学思考，都要服从于这一根本课题，旨在形成一种适合于未来类人社会的"大政治"——可谓"全球类人政治"。其实在当代哲学的语境里，哈贝马斯已经开启了这方面的思索，主张以"交往理性"平衡"工具理性"，试图回答如何采取措施来控制技术进步和社会生活世界之间的自然形成的关系问题。[1]哈贝马斯的方案听起来不免软弱无力，意思就是通过有效的自由对话和商谈，形成关于技术发展方向和进度的共识。但在未来类人文明的生成中，全球政治共商机制仍旧具有重要的开端性意义。

最后让我们再次回到尼采。1888年12月，尼采写下了一则题为《大政治》（或译《伟大的政治》）的笔记。在这则笔记的后半部分，尼采提出三个定律，其中的第一定律如下："大政治想把生理学变成所有其他问题的主宰；它想创造一种权力，强大得足以把人类培育为整体和更高级者，以毫不留情的冷酷面对生命的蜕化者和寄生虫，——面对腐败、毒化、诽谤、毁灭的东西……而且

---

1. 哈贝马斯：《作为"意识形态"的技术与科学》，李黎、郭官义译，学林出版社，1999年，第94页。

在生命的毁灭中看到一种更高心灵种类的标志。"[1]尼采此时客居意大利都灵，已濒临疯癫，心思极其紧张而脆弱，但我们今天不得不承认，尼采实在是太天才了，实在是太强大也太伤感了。

或问：什么是尼采的"大政治"？尼采的大政治是一种生理学，就是一种生命政治或生命哲学！估计尼采自己也怕人不明白，紧接着又在第二定律中予以重申："第二定律：创造一种对生命的袒护，强大到足以胜任大政治：这种大政治使生理学变成所有其他问题的主宰。"[2]在自然人类文明转向技术人类文明的大变局中，尼采看到了什么是颓败，什

1. 尼采：《权力意志》下卷，科利版《尼采著作全集》第13卷，孙周兴译，商务印书馆，2007年，第760页。
2. 尼采：《权力意志》下卷，科利版《尼采著作全集》第13卷，第760页。

么是未来，并且在其晚期的"权力意志"哲学中展开了一种以"末人"与"超人"为基本关系的生命政治—生命哲学思考。[1]

在 1885 年秋至 1886 年秋之间的一则笔记中，尼采写下了一则莫名其妙，但仿佛又意味深长的笔记，它同样涉及尼采的大政治：

> 从现在起，对于更广大的支配性构成物，将出现一些前所未有的有利条件。而这还不是最最重要的；国际种族联合体的形成已经变得有可能了，它们为自己设定的任务是把一个主人种族培育起来，那就是未来的"地球主人"；——一个全新的、巨大的、在最严厉的自我

---

1. 参看孙周兴：《末人、超人与未来人》，载《哲学研究》，2019 年第 2 期；收入拙著《人类世的哲学》第四编。

立法基础上建造起来的贵族政体，在其中，哲学暴徒和艺术家暴君的意志将获得超过几百年的延续：——那是人的一个更高种类，他们由于自己的意志、知识、财富和影响方面的优势，把民主欧洲当作他们最顺从和最灵活的工具来加以利用，目的是掌握地球的命运，是依照"人"的形象把自身塑造为艺术家。

够了，人们要重新学习政治的时代到来了。[1]

---

1. 尼采：《权力意志》上卷，科利版《尼采著作全集》第12卷，2［57］，第101页。

第二章
现代技术与人类未来[1]

随着人工智能技术（机器人）和生物技术（基因工程）的突飞猛进，今日人类对未来的想象变得前所未有的复杂

---

1. 本文系作者于 2018 年 8 月 19 日上午在"2018 复旦哲学大会：哲以成人、平凡非凡（第十届公众版）"上的报告，当时的标题为《技术与未来》。修订补充版立题为《现代技术与人类未来》，提交给由同济大学欧洲思想文化研究院·本有哲学院、上海张江 ATLATL 创新研发中心和网易研究局联合主办的"首届未来哲学论坛"（2018 年 11 月 23—24 日）。后收入孙周兴主编：《未来哲学》第一辑，商务印书馆，2019 年。

和急切，期待与忧虑交织并存，"未来已来"就是这种复杂和急切状态的表达。"技术与未来"已成为我们时代最重大、最紧迫的文化问题和哲学命题。本文从当代地质学和哲学讨论的"人类世"概念入手，分析对于人类未来文明具有决定性意义的现代技术的基本要素和现象，即核武核能、环境激素、人工智能、生物技术"四大件"，进而主要根据后期海德格尔的技术之思，尝试区分古代技术与现代技术，揭示现代技术的起源与本质，并试图进一步提出政治统治与技术统治之关系的问题，以及自然人类文明与技术人类文明之关系的问题，由此形成一个未来哲学—技术哲学的探讨框架，从而为"现代技术与未来文明"这一时代课题提供一个哲学基础。最后，本文试图提出和回答一个迫切的难题：如何应对现代技术支配下的未来文明？

虽然技术问题是一个伴随人类文明而来的恒久问题，但只有在最近几十年里，特别是随着人工智能技术和基因工程（生物技术）的突飞猛进，人们对现代技术及其效应的关注热情才变得空前高涨。这种关注与人们关于人类未来的想象、期待和忧虑紧密地联系在一起。实际上，我们今天大概已经不知道是应该期待未来还是忧虑未来，或者是喜忧交加。有一句话已经悄然成了流行语，即所谓"未来已来"。如果说 20 世纪下半叶在全球广泛传播的学术用语"后-"（post-）和"终结"（end）——诸如"后现代""后工业"等，以及"历史的终结""哲学的终结""人的终结"等——传达出我们时代人类文化的深深的没落感和颓败感，那么，今天流行的"未来已来"一说同样传达了我们人类面对动荡不安的现实和不确定的未来的普遍焦虑和恐惧。

无论如何，"技术与未来"已成一个急迫的时代命题，而且更是一道哲学难题。老迈的美国前国务卿基辛格在《大西洋月刊》2018年第6期上发表了一篇题为《启蒙运动是怎样结束的？》的文章，专题讨论人工智能问题。文章主要指出三点：1.人工智能可能带来意想不到的结果；2.在实现预期目标的过程中，人工智能可能会改变人类的思维过程和价值观；3.人工智能可能会达到预期的目标，但无法解释它得出结论的理由。有鉴于此，基于人工智能的种种不确定性，基辛格老人内心充满忧虑，呼吁哲学和人文科学的出场，建议美国政府赶紧成立一个由杰出思想家组成的委员会，以帮助制定国家意愿——他的说法是：再不开始，就太迟了。[1]

除了上述忧虑和呼吁，基辛格这篇文章之所以给我留下了深刻的印象，原因还在于他的下面这个判断："随着世界变得更加透明，它也将变得越来越神秘。"[2]我以为，基辛格在不经意间触及了一个现代性批判中多有争论的问题，即"启蒙"与"反启蒙"、"祛魅"与"复魅"之争执。在技术工业的支配下，启蒙之后被祛魅的世界变得越来越清晰、理性、规则和明白了，越来越成为一个可测量和可计算的世界，但同

1. 基辛格：《启蒙运动是怎样结束的？》，参看基辛格：《人工智能：启蒙运动如何结束》，桑晹编译，载《社会科学报》，第 1617 期第 7 版。
2. 基辛格：《启蒙运动是怎样结束的？》。

时，它又变得晦暗不明、不可预见、不可评估。我们比从前更加无法确知和把握未来世界了。就此而言，我们今天的"现代技术与人类未来"这个主题可能是令人气馁的。在今天，技术专家虽然在各自的专业领域里经常信心满满，但恐怕没有人能提供一个系统而稳靠的未来预判和未来规划；同样受技术的控制，职业政治家忙于利益算计和势力平衡，以及社会局部方案的商讨、制定和实施，无暇于全局和整体的考量和研判。基辛格只好期待和要求哲学家，他的意思无非是说，关于现代技术支配下的未来人类文明，我们需要有一种宏观的预判和整体的把握。

这一点当然是对的。但我们遗憾地看到，总体说来，哲学家和人文学者却是完全落伍了，而且早已经被边缘化了。事出有因。一方面，这是一个技术统治的时代，人文与科技之间的隔阂之深已经无以复加，人文之声无人理睬；另一方面，可以说也有哲学家和人文学者本身的原因，这些越来越被冷落的人物今天最喜欢——或者说长期习惯于——以虚情假意的哀怨之态去虚构历史，怀念过去的美好时光，总是告诉我们，历史上某个时候（比如前苏格拉底时代，比如中国先秦时代）的古人活得多么多么美好，而后来世风日下，物欲横流，失了"乐园"，现在进入技术时代，就更加不行了。实情真的如此吗？人类历史上当真有过一个美妙"乐园"吗？当真是今不如昔吗？其实正如尼采所言，连最美好的时代即悲剧时代的古希腊人也没活好，他们反而是最痛最苦的一群——所以才需要正视人生痛苦之真相的悲剧艺术。

缅怀过去的哲学和人文科学属于旧时代和旧文明，后者可以被称为"自然人类时代"和"自然人类文明"。自然人类文明是依循自然节律的前工业文明，自然的线性时间观念是这种文明的基础（这一点在欧洲传统文明中表现得最明显），在此基础上，形成了各民族的自然状态下的观念世界和文化世界。而随着技术工业的兴起和发展，自然人类文明过渡为技术人类文明，传统线性时间观和以此为基础的自然人类精神表达方式（其主体是宗教、哲学和艺术等）渐失支配力量，过去和传统不再成为文明的焦点和基点，哲学和人文科学需要启动一种新的时间经验和相应的新文明样式。马克思的未来社会理想，尼采的"未来哲学"构想和"超人"理想，以及海德格尔的实存论哲学和未来之思，都已经是这方面的试验和努力。[1] 反思性的哲学开始转向前瞻性的哲思了。这时候，哲学理应担当起前述基辛格所讲的任务了。

今天我们尝试做这样一件似乎不可能的事。我们的讨论主题是"现代技术与人类未来"。我们不准备处理细部的技术现象，也并不谋求伟大的创见和预言，而只希望能够提出问题，试图形成关于此课题的相关探讨的宏观问题结构。本文的讨论分为如下四个问题：一、地质学上的"人类世"意味着什么？二、现代技术与古代技术有何区别？三、自然人类

---

1. 参看本人的三个相关报告《马克思的技术批判与未来社会》（2018 年 10 月 13 日，武汉大学）、《尼采与未来哲学的规定》（2018 年 3 月 30 日，河南大学）和《海德格尔与人类思想的前景》（2018 年 6 月 9 日，中国人民大学；后更名为《海德格尔与未来哲学方向》），成稿后均收入拙著《人类世的哲学》第一编。这三个报告是我对"未来哲学"主题的准备，这就是说，在我看来，马克思、尼采、海德格尔都是"未来哲学家"。

与技术人类有可能达成平衡吗？四、未来之眼：如何应对技术支配下的未来文明？

一、地质学上的"人类世"意味着什么？

我们首先从地质学家和哲学家近些年来经常听说和讨论的"人类世"和"人类纪"概念开始。这方面也有颇多误解，需要加以适当的澄清。[1]"人类世"首先是一个地

---

1. 比如一般的说法是"人类世"（Anthropocene），也有人用"人类纪"（Anthropogene），但实际上，"纪"是比"世"大的地质年代概念；也有人把"人类世"译解为"人类纪"；又比如地质学家通常把"人类世"的起点设在 20 世纪中期，但也有论者如赫拉利说："按正式说法，我们现在处于全新世。但更好的说法可能是把过去这 7 万年称为'人类世'，也就是人类的时代。原因就在于，在这几万年间，人类已经成为全球生态变化唯一最重要的因素。"参看赫拉利：《未来简史》，林俊宏译，中信出版社，2017 年，第 65—66 页。

质学的概念。地质年代表有"代""纪""世"之分，从太古代、元古代（震旦纪）、古生代（寒武纪、奥陶纪、志留纪、泥盆纪、石炭纪、二叠纪）、中生代（三叠纪、侏罗纪、白垩纪），一直到新生代（古近纪、新近纪、第四纪），而人类就出现在新生代的第四纪，所以也有人主张把"第四纪"叫作"人类纪"——"人类纪"概念只是在此意义上被使用的，是"第四纪"的另一个说法而已。新生代的第四纪分为"更新世"和"全新世"，其中全新世（Holocene）始于11700年前，是最近一个冰川期结束后来临的（故又称"冰后期"）。与其他地质世通常以百万年甚至千万年的跨度相比较，全新世还是一个刚刚开始的地质时期。但有地质学家宣称：现在地球已经进入人类世。"人类世"的概念最早是由地质学家阿列克谢·巴甫洛夫（Aleksei Pavlov）于 1922 年提出来的，但一直都未得到确认；直到在 2000 年《全球变化通讯》的一篇文章里，生态学家尤金·斯托莫尔（Eugene Stoermer）和保罗·克鲁岑（Paul Crutzen）才正式提出了这个概念，并且在文章标题中使用了"人类世"这个术语。英国莱斯特大学的地质学家扬·扎拉斯维奇（Jan Zalasiewicz）指出，人类世的最佳边界为 20 世纪中期（即 1945 年），以此为界，全新世结束，人类世开始。[1]

---

1. 这里的"人类纪"与"人类世"还是有区别的，不可简单等同。人类纪可指代整个第四纪，但也有人用它来特指第四纪结束后的新纪元；而人类世则指第四纪内部全新世结束后的一个新纪元。显然，在一般情况下，"人类纪"比"人类世"的内涵要广大，我们可以说地球进入"人类纪（即第四纪）的人类世"了。

地质学是讲证据的。人类世必须在地质史上留下有别于前世的痕迹和印记。总结起来，地质学家通常认为有如下地层印记：第一是放射性元素，核武器试验和原子弹爆炸，加上后来的核电站建设，尤其是核废料泄漏，在地层上留下了大量的放射性元素；第二是二氧化碳，化石能源的燃料燃烧后排放出巨量的二氧化碳，燃料烧完之后同样会以化学物质的形式存埋于地层中；第三是混凝土、塑料、铝，人类巨量生产和使用这些材料，举例说来，人类已经生产了 500 亿吨混凝土，地球上每平方米可铺上一吨，最后都要到地层里面去，我们中国人最近几十年贡献最大；第四是地球表面改造痕迹，借助技术工业，人类对地球表面进行了前所未有的大规模改造；第五是氮含量，现代农业大量使用化肥，导致地球表面氮含量激增；第六是气温，通过所谓的"温室效应"，一说地球平均气温 20 世纪已经上升了 0.6—0.9 摄氏度，又说比前工业时代上升了 1 摄氏度，且以每十年 0.17 摄氏度的幅度上升，一旦比前工业时代上升 2 摄氏度，就会产生多米诺骨牌效应——大家已经看到最近几年来地球气温十分反常，冷的地方热，热的地方冷，弄得乱七八糟；第七是物种灭绝，地球历史上正在发生第六次大规模的物种灭绝，其速度远远超过了前五次，包括恐龙灭绝。所有这些现象都表明，人类已经成为影响地球地形和地球进化的地质力量。按照以色列历史学家尤瓦尔·赫拉利的说法："自从生命在大约40 亿年前出现后，从来没有任何单一物种能够独自改变全球生态。"[1]

---

1. 赫拉利:《未来简史》，第 66 页。

地质学家首先关注的是地质沉积上留下来的印记。若以此为准，我们似乎还不能像个别地质学家那样把1945年定为人类世的开始，因为以前人类的活动（技术活动）都会在地质史上留下痕迹（在第四纪即广义的人类纪）。不过，此前自然人类活动的印记并不明显，并不构成地层印记上的急剧变化和显著标征。虽然人类世不是一蹴而就的，它起源于欧洲18世纪的工业革命，那是现代技术的开始，但1945年核弹的爆炸确实是现代技术加速进程的一个标志，也是自然人类文明转向技术人类文明的大裂变的标志。

无论如何，地质学家的工作已经给了我们很好的提示：人类及人类居住于其上的地球进入一个新的纪元了。这不仅是一个很好的提示，而且已经给出了充分的证据，足以让我们在哲学上更系统地、更深刻地理解技术的本质和人类的未来。哲学必须比地质学更进一步，要深入人类生活和文化的层面来追问和探讨。[1]法国哲学家贝尔纳·斯蒂格勒把人类世视为资本主义工业化的后果，明显把它与现代技术联系在一起。[2]另一位法国当代理论家布鲁诺·拉图尔反对人们通常对现代文化的描述，特别是所谓现代主义与后现代主义的历史阶段区分，提出"非现代"（nichtmodern）概念，将"现代机制"与"非现代机制"做了对照。[3]拉图尔显然也同意地质学家的说法，把人类世看作人类活动开始

1. 欧洲一批当代哲学家如斯蒂格勒、拉图尔、斯洛特戴克等均有关于人类世的讨论。

2. 斯蒂格勒：《人类纪里的艺术：斯蒂格勒中国美院讲座》，陆兴华、许煜译，重庆大学出版社，2016年，第 15 页。

3. Bruno Latour, *Wir sind nie modern gewesen*, Frankfurt am Main, 2017, S.184.

影响地球地形而使地球生态发生致命危机的地质世代，而且认为这是人类无法阻止的了。

不过我们仍旧要追问：在哲学上，地质学家讲的"人类世"到底意味着什么？我认为，从人类社会形态的转变角度来说，人类世意味着人类统治形式的转变，更确切地说，是技术统治时代的到来，或者说，是技术统治压倒了政治统治。[1]

所谓政治统治，以我的理解，是自然人类的基本统治方式，即社会组织和治理方式。两千多年的自然人类文明史实施的是政治统治，这种统治形式的核心要素是哲学和宗教。在欧洲—西方文化中，源于古希腊的哲学提

---

1. 参看孙周兴：《技术统治与类人文明》，载《开放时代》，2018 年第 6 期。

供了一种本质主义（普遍主义）—集体主义的制度构成法则和社会组织原则；而源自希伯来的宗教（基督教）则提供了指向个人心性的超验绝对主义—道德主义的信仰和人伦规范。在历史上，哲学与宗教作为自然人类的基本精神表达方式不断纠缠在一起，构成欧洲形而上学的两个组成部分，也构成了政治统治的两块基石。[1]

然而，这种以哲学的本质主义（普遍主义）和宗教的信仰主义（道德主义）为基础的政治统治方式，在19世纪下半叶以来渐渐露出颓败之态。个中原因固然是多方面的，我们可以从政治、经济、制度、文化、知识等多个方面找到，但根本的原因无疑在于技

1. 有关以哲学和宗教为核心的欧洲—西方形而上学的基本问题，可参看孙周兴：《后哲学的哲学问题》第一编，商务印书馆，2009年。

术工业的产生和兴起。18世纪后期蒸汽机的发明是划时代的进展，所谓蒸汽机，就是把蒸汽的能量转换为机械功的往复式动力机械，开始在冶炼、纺织、机器制造等行业中获得迅速推广。1804年，英国人发明第一辆蒸汽机车，原理是利用蒸汽机，把燃料（煤、柴油、天然气）的化学能变成热能，再变成机械能而使机车运行。蒸汽机的出现引起了18世纪的工业革命，人类从此快速进入工业化时代，资本主义的生产方式和生产关系得以形成。马克思是最早洞察到技术工业的本质及其对人类文明的意义的哲学家，在《1844年经济学哲学手稿》中，马克思这样写道："自然科学却通过工业日益在实践上进入人的生活，改造人的生活，并为人的解放作准备，尽管它不得不直接地完成非人化。工业是自然界同人之间，因而也是自然科学同人之间的现实的历史关系。"[1]马克思看到了一个新人类文明时代的到来，其远见卓识令人钦佩。

如果说马克思看到了技术工业的人类学本质，那么，出生于1844年的尼采则是在形而上学的意义上洞察和揭示了技术工业的意义和后果。今天我们回头来看尼采于19世纪80年代提出的宣言"上帝死了"，我们就不得不佩服此公的先知和英明。尼采在当时广受冷遇，没有人理会他的疯子之言，这原是可以理解的。尼采所谓的"上帝死了"，是我们上面讲的哲学和宗教的终结，是哲学的本质世界——理性世界和宗教的理想世界——神性世界的双重崩溃，也就是自然人类文明及其政治统治方式

---

1. 马克思、恩格斯：《马克思恩格斯全集》第42卷，人民出版社，2017年，第128页；有关马克思的技术哲学，可参看孙周兴：《马克思的技术批判与未来社会》，载《学术月刊》，2019年第6期。

的衰落。正是看到了自然人类的自然性颓败和衰落，尼采才会竭力反对同情的道德，才会主张"权力意志"和"超人"理想。

不过，要真正彰显和确认这一点，也即确立人类世的开始，仍旧要到1945年8月日本广岛原子弹的爆炸。第二次世界大战主体上是枪炮和飞机之战，可以说是机械意义上的技术工业之战，但导致战争结束的是一种在当时还无比神秘的武器，即原子弹。我们必须像海德格尔的弟子京特·安德斯那样，把原子弹的爆炸视为一个"绝对的虚无主义"时代的到来，是人类、历史、时间的终结[1]。如果说包括飞机、枪炮在内的兵器还是自然人类可以想象和理解的，那么，原子弹不一样，它以其骇人的杀伤力和破坏力，已经完

---

1. 安德斯：《过时的人》第一卷，第8页。

全超出了自然人类的理智和认知范围，变成了彻底不可想象和不可理喻的怪物。自然人类怎么可能感知原子裂变的后果呢？自然人类如何可能设想原子弹爆炸时产生的高达6000摄氏度的温度呢？

这是我理解的技术统治时代的确立，也是地质学家提出来的人类世的起点。而从自然人类的角度来说，所谓"人类世"其实是"非人类世"，因为人类世意味着技术工业造成的自然人类文明的断裂及一个新世界——技术人类生活世界——的形成，意味着自然人类向技术人类的转换。

二、现代技术与古代技术有何区别？

前面讲的技术统治和人类世的基础是现代技术。按照马克思、恩格斯的想象，对人类的起源来说，直立—形成手—劳动（即掌握和使用工具）是人之为人和人类文明开创性的动作，这时候就已经有了技术问题。所以表面看来，技术大概是没有中西古今的差别的。人之为人，是能使用工具，使用工具即有技术。所以，最早的技术都是手工和手艺，都是身体性的，古希腊的"技艺"（techne）和中国的"手艺/艺术"都是如此。也许正是在这个意义上，法国哲学家斯蒂格勒说，技术是人类的本质。

但这样的笼统说法还不够，我们还得做进一步的区分性讨论。显然，今天的技术已经跟古代的技术大有区别了。现代技术的本质是什么？我们必须从现代技术与古代技术的区别入手来加以讨论。所谓古代技术与现代技术，我们在时代上只做一个笼统的区分，大致把近代科学兴起之前的技术称为"古代技术",而把之后出现的技术称为"现代技术"。[1] 在现代技术的早期阶段，起始于 18 世纪 60 年代的工业革命在英格兰形成的资本主义工业化，完成了从工场手工业向机器大工业的革命性转变。机器取代人力是这个机器工业时代的根本标志，而如前所述，蒸汽机的发明是其中最关键的技术成果，它使手工体力劳动向动力机器生产的过渡和转变成为可能。在这个阶段，除了蒸汽机，煤炭和钢铁等构成了工业革命的基本因素。

---

1. 需要注意的是，在中国有时代划分上的混乱。我们一般把鸦片战争以后叫"近代"，把五四新文化运动以后叫"现代"；而对欧洲人来说，文艺复兴以后都叫"现代"或者"新时代"（Neuzeit）。在哲学史上，我们更愿意把马克思哲学当作一个时代节点，把马克思之前的叫"近代哲学史"，把马克思之后的叫"现代哲学史"。

现代技术真正的突飞猛进要到 20 世纪。在 20 世纪的历史进程中，技术工业有节奏地完成了三大发明，即 20 世纪早期的飞机，中期的电视，后期的电脑——这"三大件"是 20 世纪对人类日常生活影响最大的技术成就，深刻地改变了人类生活世界和人类文明状态。不过，这所谓的"三大件"还是显性的，还不是根本性的、致命的东西。20 世纪新工业革命中对自然人类具有决定性作用（甚至具有致命作用）、对人类文明构成断裂性意义的技术因素，在我看来却是以下"四大件"：核武核能、环境激素、工人智能、生物技术。这"四大件"分别与四门基础现代科学相关：核武核电与物理学学科（核物理）的进展有关；环境激素与化学学科有关，或者说是化学工业造成的后果；人工智能主要与数学学科相关；生物技术主要与生物学学科相关。[1]

这是我概括的现代技术"四大件"。但现代技术的本质要素和核心到底是什么？哪些才是关键技术？自然也有不同的看法。例如美国科学家比尔·乔伊（Bill Joy）就认为，21世纪最强大的三项技术是基因技术、纳米技术和机器人技术，合称为"GNR技术"，它们具有毁灭一切的潜能。[2]一般学者都会同意，新世纪以来，现代技术的最强势力是人工智能（机器人）与生物技术（基因技术），不过，从对自然人类的毁灭性作用来看，我仍旧愿意指出上述"四大件"。

---

1. 关于现代技术四大因素的较细致的描述，可参看孙周兴：《技术统治与类人文明》。
2. 比尔·乔伊：《为何未来不再需要我们?》，转引自希拉·贾萨诺夫：《发明的伦理：技术与人类未来》，尚智丛等译，中国人民大学出版社，2018年，第11页。

正如我们提示的，上述"四大件"与四门基础科学相关。这也表明，现代技术的本质是科学，本质上是发端于古希腊形而上学传统的现代（近代）自然科学在全球范围内的全面完成。尽管如此，现代科学与古代科学之间仍然有着根本的差异性。荷兰学者舒尔曼（Egbert Schuurman）从环境、材料、能源、技巧、工具、技术实施步骤、技术合作、工作程序、人在构造中的作用等多个方面来区分古典技术与现代技术，认为在古典时期，人类为自然环境所包围，而在现代条件下，环境本身被技术化了；在古典时期，人类只能掌握手边的材料，而在现代技术中，人类独立于材料的自然形式；在古典时期，"能量"是由动物和人类的体力提供的，而在现代技术中，人类要么直接利用自然力（如风力和水力），要么间接利用自然燃料和原子分裂；在古代，技术赋形是由人类使用工具的技能所决定的，而在现代技术中，人类的技艺已经被融入技术装置即机器中了；早期技术的实施过程中起决定作用的是人类的介入，而在现代技术中，技术步骤被自动化和控制化了；早期技术是由个人实施的，而现代技术是由工业企业的群体合作来完成的；早期技术受到人类自然潜能的限制，不能超越人的双手和感官的范围，所以具有自然性，技术的发展也是缓慢的，是未分化的和静止的，而现代技术则进入突飞猛进的加速进程中，是高度分化的和能动的。[1]

如果说舒尔曼的讨论不算深刻，基本

---

1. 舒尔曼：《科技文明与人类未来》，李小兵等译，东方出版社，1995年，第10页以下。但舒尔曼仍旧坚持认为，不能因为现代技术的自动化而得出技术独立和自律的结论，即使到现代，技术仍旧是人类活动。参看该书第13页。

上尚属表层浮浅之论，那么，德国哲学家马丁·海德格尔的技术之思则可以说是20世纪最深邃和最有分量的思考。海德格尔区分了现代技术与古代技术，并且把现代技术的本质界定为"集置"（Gestell，有时也作Ge-stell），也有中译者（已故哲学家熊伟）把它译为"座架"，不无意味，也不乏指示力。海德格尔的这个词被认为是20世纪最神秘、最令人费解的哲学词语。其实在我看来未必。我认为，海德格尔的"集置"是从哲学（主体形而上学）意义上对现代技术的规定。海德格尔所谓的"集置"包含着一种对作为现代技术之基础的物观和存在观的揭示。

在西方哲学史上，对于物的理解（物观／存在观）盖有三个阶段，每一个阶段都有自己的物之规定和存在理解。在古典哲学中，物被理解和规定为"自在之物"（未必在康德的意义上），人们认为，物的本质在于物本身，物本身具有自己固有的实体—属性结构（亚里士多德）；进而在近代知识论哲学阶段，物被规定为对象，物的存在就是被表象性或者对象性，是"为我之物"；而在以现象学为标志的 20 世纪西方哲学中，物的存在（意义）被规定为关联性，为"关联之物"，也就是说，物之存在既不取决于物本身，也不取决于作为认识主体的我，而是取决于物如何被给予，亦即物如何与我关联。西方哲学的进程就是这样的简单的三部曲，节律清晰，合乎历史的总体运势。海德格尔把它叫作"存在历史"（Seinsgeschichte），而今日人类处于"存在历史"的"另一开端"之中。

海德格尔正是在"存在历史"的意义上思考现代技术的，大致把现代技术设想为在第二阶段兴起的，也可以说是以近代知识论哲学（主体性形而上学）为基础的存在历史现象。必须承认，赋予现代技术以形而上学的意义，这是海德格尔哲思的深度和高妙之处，但也是让人痛苦的地方。我们只消记得，海德格尔用"集置"来命名现代技术的本质，是有上述哲学背景的。所谓集置，重点在"置"（stell），"置"是一种对象化活动，大致可分两层，首先是观念和思维层面的"表象"（Vorstellen）——其实"表象"一译并不妥当，我们更应该把它译为"置象"或者"表置"。在康德那里，一种物的意义（物之存在规定）的转换完成了：凡是进入我的表象—置象领域而成为我的思维对象者才是存在的，物的存在＝被表象—被置象状态＝对象性。这种表象性思维或者对象性思维是现代技术的观念基础。进一步，还有一种"置"则是行动—操作—制造层面的，包括

"制造—置造"（Herstellen）、"伪造—伪置"（Verstellen）和"订造—订置"（Bestellen）等[1]。把所有这些对象性的"置"的活动"集中"起来，就有了"集置"。

说到这儿恐怕还不够。我们还得顺着海德格尔的思路，更深入一步，来讨论现代技术与古代技术的差别。从上述作为集置的现代技术之本质出发，我们已经可以进一步看出它与古代技术的不同之处，我愿意把它概括为四项：

第一，观念基础有异。这就是说，古代技术与现代技术具有不同的观念基础，特别

---

1. 所谓"订置"（Bestellen），不光指对潜在的有待开采之物的预计，更指现代技术对于物的置弄系统，比如水力发电厂就形成了河流—水压—涡轮机—发电机—电流—电厂和电网这样一个"交织在一起的电能之订置顺序"。

是具有不同的物观念。古典时代，人类对自然有一种被称为"模仿"的学习态度，因为自在的自然比人更强大，是人学习的榜样。古代技术正是以古典时代人类关于"自然"和"物"的理解为根基的，因此可以通过自然状态下的哲学观念，比如亚里士多德所谓的合目的的手段、四因说等加以解释。而现代技术则已然不同，它已经从"自在的"（an sich）的存在观念转向了"为我的"（für mich）的存在观念，古典的"自然"观念和"物"观念已经不再适合于现代技术了。这就是说，近代的"自然"（nature）和古希腊的"自然"（physis）是两个不同的概念，nature是物理概念，physis则不是。在现代技术状态下，"自然"（nature）不再是本身自在地生长和消隐的运动过程，而成了物理的对象性自然；"物"也不再是"自在之物"，而成了表象性思维的对象之物（"为我之物"）。简言之，古代技术有一个古代存在学／本体论的观念基础，而现代技术则有一个主体性形而上学的观念基础。

第二，自然关系不同。这点与上述第一点不无关联。古代技术作为合目的的手段，与自然的关系是自然而然的，还不是主客对象性关系，而是模仿—应合的关系，它构造了由手工物（手工器具）为主导的自然的人类生活世界；而现代技术则已经成为一种支配自然的强制性力量，一种对象性—机械化的支配力量，它构造了一个以技术物（技术产品）为主的非自然的生活世界（技术生活世界），一切都变成了技术生产的对象，不仅自然成了现代技术的贮存物，而且人类自身也成了贮存物。我们必须看到，现代技术造成的自然关系首先是在笛卡尔—康德的现代主体性形而上学中得到准备的，在后来的技术工业中获得了展现，今天已经成为全球文明的基本关系。

第三，科学性不一样。古代技术（techne）是非科学的，偏重于实际行动（虽然希腊原初的 techne 也以精通、知道为特性 [1]），而古代科学（episteme）则偏重于静观式的理论沉思，就此而言，古代技术还不是今天的"科技"，而更多的是"艺术"。与之对照，现代技术则是形式科学与实验的结合，是真正意义上的"科技"（即科学＋技术）。这是一个重要的差别，海德格尔很好地把这一点

---

1. 海德格尔把 techne 的意义解释为"知道"（Wissen）。参看海德格尔：《艺术的起源与思想的规定》，孙周兴译，载孙周兴编译：《依于本源而居——海德格尔艺术现象学文选》，中国美术学院出版社，2010 年，第 74 页。

揭示出来了。如我们所知，形式科学古已有之，以发端于古希腊的几何学、算术、逻辑学等为代表，甚至也应该包括语法，是古希腊人留给人类的最神奇的东西；不过，techne 意义上的古代技术尚未被形式科学化，或者说，它不是以形式科学为本质基础的。总之，与形式科学的关系，是区分古代科学与现代科学的根本标尺。至于源自古希腊的形式科学如何在近代被实质化，亦即它如何与实验科学结合在一起，从而催生了技术工业，这个问题高度复杂，我们在此不拟展开讨论。[1]

第四，功效性有别。人们通常会以为，现代技术在功效方面大大超越了古代技术，也就是说，功效强弱程度构成两者的差别。

---

1. 相关讨论可参看 Martin Heidegger, *Die Frage nach dem Ding*, Frankfure am Main, 1984, S.65f；及海德格尔：《哲学论稿（从本有而来）》，第 171 页以下。

我们通常会说技术是实现目的的方法，这对古代技术来说诚然是合适的，于现代技术而言却不一定如此，因为在现代技术中，目的与方法不是简单的一一对应。"最有用的、最持久的发明是那些有各种广泛用途的技术，如车轮、齿轮、电、晶体管、微晶片、个人标识号。"[1]这种看法当然没错，但在海德格尔看来还不够，还必须落实到能量生产方式上来。古代技术是手工性的，并不贮备能量，或者说并不是以贮备能量为目的的，而现代技术是为了贮存能量，至少在大机器生产的时代是这样，这是两者之间的一个根本区别。海德格尔在《技术的追问》一文中专门讨论了风车与水力发电厂的不同。两者都开采能

---

1. 希拉·贾萨诺夫：《发明的伦理：技术与人类未来》，第 23 页。

量，传统农村使用风车（或者水车），风车翼子在风中转动，可是风车并没有为贮藏能量而开发出风流的能量。而现代的水力发电厂就不同了，海德格尔说：

> 水力发电厂被摆置到莱茵河上。它为着河流的水压而摆置河流，河流的水压摆置涡轮机而使之转动，涡轮机的转动推动一些机器，这些机器的驱动装置制造出电流，而输电的远距供电厂及其电网就是为这种电流而被订置的。在上面这些交织在一起的电能之订置顺序的领域当中，莱茵河也就表现为某种被订置的东西了。[1]

---

1. 海德格尔:《演讲与论文集》，孙周兴译，商务印书馆，2018 年，第 15—16 页。

这就又回到前面讨论过的"集置"概念了。在水力发电厂的例子中，我们看到了作为集置的现代技术的置象—订置—置造机制。

我认为，上述四个方面——观念基础、自然关系、科学性和功效性——已经足以把现代技术与古代技术区分开来了。概而言之，古代技术对应于前工业—技术时代自然人类的生活世界，是这个由自然物与手工物组成的世界的构造方式；而现代技术则是技术人类生活世界的缔造者，对自然人类来说是一种"去自然化"或者"非自然化"的力量。

三、自然人类与技术人类有可能
达成平衡吗？

上面我们提及了现代技术四大要素，即

核武核能、环境激素、人工智能、生物技术。人们今天特别关注和热议的是后两项，即人工智能与基因工程。但从根本上说，这四项对自然人类来说都是致命的。我所谓"致命的"是在"命运性"的意义上来说的，并非完全负面和消极。核武核能可能是在物质——身体上对自然人类及其文明的最彻底的否定，就像安德斯说的那样，构成一种"绝对的虚无主义"；但饶有趣味的是，自从第一颗原子弹在日本引爆以后，人类进入了较长时期的非战争状态——虽然还有局部的区域战争，但再也没有发生大规模的世界大战了，以至于有人把 20 世纪后半叶的和平（冷战）归功于原子弹。环境激素已经整体败坏了全球环境（水和土被全面化工化），以我的说法，人类的体液环境已经被整体深度毒化了，我们的自然身体已经不再自然，而且时时刻刻在遭受伤害。种种迹象表明，这个过程是不断加速的，又是不可逆的；此外还是隐蔽的，是一种"隐蔽的虚无主义"——而且我们必须看到，往往隐蔽者更险恶。

时至今日，如果说核武核能和环境激素这两项技术因素的意义和影响还比较容易判断（偏负面者居多），那么，人工智能和生物技术的意义和方向就比较难以确认和把握了。着眼于自然人类或人类本性，人工智能和生物技术诚然同样是一种"异化"或"否定"的力量，但另一方面，它们以放大人类智力和延长人类寿命为目标，因此仿佛构成一种积极肯定的势力，可以纠正主要由前两项技术因素造成的身体颓败和文明虚无化。[1] 这种

----

1. 可以设问：人类遭受着不可抵抗的核武核能威胁和不可逆转的环境激素毒化，莫非只有通过智能人即半机半人的"类人"才能获救？

83

状况让大家陷于莫衷一是的纷争之中，悲观与乐观之声此起彼伏，虽然如前所述，惊恐反应和消极评价似乎占了上风。

我们看到，在人工智能与人类未来的关系问题上，已故英国物理学家斯蒂芬·威廉·霍金大概是最典型的悲观主义者。在去世前不久，霍金预言："在未来100年内，结合人工智能的计算机将会变得比人类更聪明。届时，我们需要确保计算机与我们的目标相一致。我们的未来取决于技术不断增强的力量和我们使用技术的智慧之间的赛跑。"[1] 埃隆·马斯克也把人工智能描述为人类"最大的生存威胁"，认为应该对人工智能保持高度警惕。詹姆斯·巴拉特则把人工智能称

---

1. 霍金在伦敦2015年"时代精神"（Zeitgeist）大会上发表的预言（警告）。

为"人类最后的发明",认为我们已经走上了"毁灭之路"[1]。

与之相反,库兹韦尔和赫拉利则可谓典型的乐观主义者。库兹韦尔固然承认人工智能的潜在风险,但他同时认为关键在于引领人工智能往积极方向发展。这个积极方向是什么呢?就是人类的长生不老。2012年库兹韦尔被任命为工程总监,一年后,谷歌公司成立了以"挑战死亡"为使命的子公司卡利科(Calico),[2] 简单说就是一家"长生公司"。库兹韦尔相信,随着基因工程、再生医学和纳米科技的飞速发展,到2050年,一个健

---

1. 詹姆斯·巴拉特:《我们最后的发明——人工智能与人类时代的终结》,闻佳译,电子工业出版社,2016年,第XII页。
2. Calico字面义为"印花棉布",但这里应该与"三色猫"(calico cat)有关,后者经常被生物学家用来说明染色体组合。

康人可以每十年骗过死神一次，从而长生不死。这个"长生公司"的相关人物已经开始了他们的长生计划，他们的"逻辑"听起来很简单：每十年接受一次全面治疗，治病并且升级衰老组织，而在下一次治疗前，医学又有了进展，又有新药和新的升级手段了。[1]这是一种典型的技术乐观主义信念。库兹韦尔认为，我们最终将与不断发明中的智能技术融为一体，"我们血液中的智能纳米机器人会保护我们的细胞和分子，进而维持我们的健康。这种纳米机器人还会通过毛细管进入大脑，并与我们的生物神经元互动，直接扩展我们的智力"。[2]

在《未来简史》一开始，赫拉利就为库

---

1. 参看赫拉利：《未来简史》，第 22 页。
2. 雷·库兹韦尔：《人工智能的未来》，第 273 页。

兹韦尔们的"伟大理想"做了一个历史性的论证：在第三个千年开始之际，人类突然意识到了一件惊人的事，就是在过去几十年间，我们已经成功地遏制了饥荒、瘟疫和战争。这是历史上人类最大的三个难题，现在已经得到基本解决了，虽然局部还会有遗留和表现。[1] 于是，现在就出现了一个问题：什么将取而代之成为人类最重要的议题呢？[2] 赫拉利径直指出了三项：长生不死、幸福快乐、化

---

1. 我们只有基于大历史尺度的比较才能同意赫拉利的这个判断，比如说在 20 世纪之前，欧洲最大的流行病（黑死病和梅毒）致死人数均超亿，而 20 世纪的两场大流行病（"西班牙流感"和艾滋病）的死亡人数在几千万。但这样的经验论推论是有问题的，并不能保证今后不会出现巨量级别的，甚至灭绝性的大流行病。一句话，赫拉利的判断太过简单和乐观了。

2. 参看赫拉利：《未来简史》，第 1 页。

身为神。[1]但无论是追求长生不死还是追求幸福快乐，最后都可归结为如何化身为神，即"智人"（homo sapiens）如何成为"神人"（homo Deus）。"人要升级为神，有三条路径可走：生物工程、半机械人工程、非有机生物工程。"[2]赫拉利给出的方向也是：生物技术与人工智能的结合。

我个人同意赫拉利所做的基本论证，人类几千年来一直都在追求长生和永生，各民族的宗教都以"不朽"为终极目标，无论是西方的炼金术还是东方的炼丹术，背后都有长生不老的动机。好死不如赖活。自然人类最大的恐惧是死亡恐惧。哲学也把"练习死亡"视为头等任务（如苏格拉底所言）。可以说，人类文明史就是力求克服死亡、获得永

1. 参看赫拉利：《未来简史》，第 18 页。
2. 参看赫拉利：《未来简史》，第 38 页。

生的历史。在过去 100 年间，人类寿命已经获得了大幅提高。1900 年人类平均寿命不到 40 岁，而现在已经到了七八十岁。赫拉利认为，只要避开饥荒、瘟疫和战争，自然人类就能活到七八十岁，这是自然智人的正常寿命。但正是通过现代技术，人类才得以接近于消灭饥荒、瘟疫和战争。因此，我们不得不承认，技术工业在大幅延长人寿方面树立了一个极为正面的形象。要知道在过去一个多世纪里，随着核武核能灾难和环境污染等工业化后果的日益显现，现代技术工业一直都是人们指控和攻击的对象，技术批判成了 20 世纪人文科学的一大主题。然而，技术的进步至少保证了避免人类早死，甚至还有可能让人获得超出自然状态的长生和永生，这恐怕就要让许多人文学者失语了。

我们应该欢呼这一现代技术的可能的伟

大胜利吗？我们为什么要活这么久？坚信人类将来可以活到 500 岁的谷歌风投首席执行官马里斯（Bill Maris）的回答是："因为活着比死好啊。"[1]——马里斯这句话听起来稀松平常，但实际上是一个根本性的回答，是对生 / 生命的最有力的辩护。赫拉利接着说，我们且不说 500 岁，先只假定人寿可以延长到 150 岁。[2] 这仿佛是一个比较保守的预估

1. 参看赫拉利：《未来简史》，第 22 页。曾经有一位著名诗人跟我争辩，逼问我："我要活这么久干吗？"当他这么问的时候，我就不准备跟他继续讨论下去了，因为我以为，论辩的真诚性基础已经全然丧失了——你让他马上跳楼或者割腕，他是坚决不干的。虚情假意，矫情乏力，这大概是现代文人和人文科学的通病，在中国尤甚。

2. 赫拉利说，既然 20 世纪人寿翻了一倍，21 世纪至少可以翻倍到 150 岁。参看赫拉利：《未来简史》，第 23 页。赫拉利此说未见有力的论证，但在今天的技术专家看来已经是一种相当保守的想象和预测了。

了。但即便只是 150 岁的人寿，许多人类历史上前所未有的问题也出来了，举其要者，最直接的问题有：其一，家庭、婚姻、代际关系等方面的问题。让夫妻俩长相厮守 100 年或者 120 年，这可能吗？不是有点残酷吗？人类还需要婚姻和家庭吗？自然人类的代际更替也大成问题了，甚至让人起疑：还有"代际"一说吗？其二，个人职业和事业规划方面的问题。漫长人生不能总是干一个职业吧？何时上班？何时退休？是不是这时候人类已经进入马克思预言的消灭异化劳动的共产主义理想社会了？其三，长生以后漫长人生的无聊状态问题。随着人寿的不断延长，劳动时间的缩短和劳动机会的缺失，可学知识内容的减少（因为可数据化的知识内容将不再需要学习），未来人将有更多的闲暇时间，那么人们将何所作为？如何度过前所未有的漫长人生？无所作为的无聊人生将成为一道常态性的难题，或许"无聊学"将成为未来生命哲学的核心课程。

无论如何，人类文明确实走到了一个终结性的又是开端性的阶段，这在地质年代上被表达为"人类世"，以我前面的说法，是技术统治压倒了政治统治的时代，也可以说，我们正处于自然人类文明向技术人类文明过渡的阶段。赫拉利的说法是"智人"向"神人"的进展。自然人类的自然力大幅下降，同时，针对人类自然界限（有限性）也有技术性突破，这两者同时发生，对自然人类来说是颓败和灾难，而对新的技术人类——无论我们叫它什么——来说则是开端和创造。

最后的结局是什么呢？今天恐怕谁也说不上来。无论如何，我认为在有关人类未来的想象方面，我们应该走一条"中间道路"，不必设想最坏状态，不必像霍金那样陷于绝望之中，不过我们也未必要像那些谷歌大佬一样抱持一种技术乐观主义，以为现代技术将为人类带来一片光明，毫无风险可言。《技术的本质》一书的作者布莱恩·阿瑟（Brian Arthur）给出的也算是一条"中间道路"。他说，技术对我们人类来说是必然的，但我们不能接受技术使我们丧失自然性，我们必须区分技术奴役人类本性与技术拓展人类本性，我们要与自然融为一体。"如果技术将我们与自然分离，它就带给了我们某种类型的死亡。但是如果技术加强了我们和自然的联系，它就肯定了生活，因而也就肯定了我们的人性。"[1]

---

1. 布莱恩·阿瑟：《技术的本质》，曹东溟、王健译，浙江人民出版社，2018年，第241页。

在我看来，我们最后可以预期和猜度的文明远景是达到某种可能的平衡，即自然与技术之间的平衡，或者说自然人类与技术人类之间的平衡，更准确地说，是人的自然性与技术性之间的可能平衡。但随之出现的另一个问题在于，达成这种平衡之后的人类还叫"人类"吗？或者叫"类人""半机半人""神人"？还是尼采所谓的"超人"？简而言之，我们如今不得不追问的是：自然与技术、人与机的共契如何可能？这应该是未来哲学的基本问题。

四、未来之眼：如何应对技术支配下的
未来文明？

海德格尔对技术的思考始于 20 世纪 30 年代中期，当时欧洲正处于第二次世界大战的硝烟之中。特别是在他1936年至1938年间完成的《哲学论稿（从本有而来）》(《全集》第65卷，1989年出版）中，海德格尔对现代技术及相关课题做了极有深度的思索。[1]战争结束后，海德格尔于1953年做了一个题为《技术的追问》的著名演讲，他在其中讲道："对人类的威胁不只来自可能有致命作用的技术机械和装置。真正的威胁已经在人类的本质处触动了人类。集置之统治地位咄咄逼人，带着一种可能性，即：人类或许已经不得逗留于一种更为原始的解蔽之中，从而去经验一种更原初的真理的呼声了。"[2]

今天回头看海德格尔的这个说法，我们不得不承认他的远见卓识。海德格尔分明看

---

1. 参看海德格尔：《哲学论稿（从本有而来）》，特别是其中的"回响"部分。
2. 海德格尔：《演讲与论文集》，第31页。

到了我们上面讨论的自然人类文明向技术人类文明的过渡（断裂），他所谓的"更为原始的解蔽"和"更原初的真理"之类，无疑指自然人类文化世界的建立和构造[1]。由于现代技术的集置作用，自然人类的精神系统和生活世界已经或者正在瓦解和崩溃。在更早些时候（1936—1946 年），海德格尔在题为《形而上学之克服》的笔记中甚至预言了今天的生物技术（基因工程）：

> 对超人而言，本能是一个必需的特性。这意思就是说：从形而上学上来理

---

1. 海德格尔在 20 世纪 30 年代中期完成的《艺术作品的本源》一文已经揭示了一点：原初的真理是世界的创建，而基本的创建方式有艺术、思想、牺牲（宗教）和建国（政治）等。参看海德格尔：《林中路》，孙周兴译，商务印书馆，2015 年，第 53 页。

解，末人归属于超人；但却是以这样一种方式，即：恰恰任何形式的动物性都完全被计算和规划（健康指导、培育）战胜了。因为人是最重要的原料，所以就可以预期，基于今天的化学研究，人们终有一天将建造用于人力资源的人工繁殖的工厂。[1]

如此说来，尼采所谓的"末人"和"超人"是最后的自然人与未来的技术人（智能机器人）吗？我们知道，尼采对"超人"（Übermensch）的规定和呼声是："超人乃是大地的意义……我的兄弟们，忠实于大地吧！"[2]超人的方向不是应该绝然向上

1. 海德格尔：《演讲与论文集》，第 101 页。
2. 尼采：《查拉图斯特拉如是说》，孙周兴译，商务印书馆，2010 年，第 10 页。

吗？不，"向上超越"是作为自然人类精神表达方式的超验宗教的超越方式，是信宗教、迷道德的自然人类的方式，是需要被克服的末人（最后之人）的方式。超人是对以往人类（末人）的克服，但尼采又赋予超人以大地性即自然性的意义。由此可见，尼采已经天才地预见到了自然人类向技术人类过渡或者说末人向超人过渡的核心命题，即超人身上自然性与技术性的二重性。末人将通过计算和规划而被克服，而超人将通过"忠实于大地"而成就自己。若然，我们简直可以把尼采的超人视为"未来人"。[1]

尼采当年哪里可能知道人工智能和生物技术，机器人和基因工程？那么，尼采为何

---

1. 参看孙周兴：《末人、超人与未来人》。

具有如此高明的"未来之眼"？我们总是强调历史感或者说"历史之眼"，这当然没错，所谓"温故知新"，没有"历史之眼"何来"未来之眼"？但就人类世意义上的人类历史断裂来说，我们今天恐怕比过去任何时候都更需要强调"未来之眼"。也许恰恰是在这个意义上，尼采在晚期笔记中不断地使用一个新提法，即"未来哲学"。[1]

如今流行的所谓"未来已来"是一个逻辑不当的表述——"未来"如何可能"已来"？怎么可能有"已来的""未来"呢？"已来的"就不是"未来"了。未来的才叫

---

1. 有关尼采的"未来哲学"概念，以及由之引发出来的关于未来哲学的前提、方向和问题，这里不做专题讨论，可参看孙周兴：《未来哲学序曲——尼采与后形而上学》结语部分，商务印书馆，2018 年，第 277 页以下；同时可看孙周兴：《尼采与未来哲学的规定》，载《同济大学学报》，2019 年第 5 期。

"未来","未来"总是在途中，总是不确定的。这是未来让人着迷之处，也是它特别令人迷惑之处。更何况，尼采去世后一个多世纪里发生的大事（相对于尼采而言，构成了已经到来的未来）对作为自然物种的人类来说具有前所未有的断裂性的意义。那么，对于正在到来的未来，我们到底能确定些什么呢？有哪些确定性的要素或论题吗？作为回答，也作为本文的总结，我愿意强调如下四点：

第一，技术统治。我们今天需要确认现代技术的支配地位，但并不主张技术决定论。这一点说起来容易，听起来矛盾，也颇具争议。有论者贾萨诺夫分析了三种关于技术与社会关系的传统观点，即"技术决定论""技术专家治国论"和"结果意外论"，认为三者都断定"技术进步是不可避免的"和"抵抗技术是徒劳的"。[1] 关键问题在于：技术究竟有没有自主性？贾萨诺夫引用了兰登·温纳（Langdon Winner）的一句话"人工产品具有政治性"，以此来反驳技术决定论，认为技术并不具有自主性。[2] 但我认为这种反驳是相当无力的，不能因为技术是人工产品就否定它的自主性，或者更应该说，技术是人工产品与技术具有自主性之间并不构成矛盾。贾萨诺夫没有看到现代技术与古代技术的根本差别，特别是现代技术对自然人类文明的断裂性作用。我们前面讨论的人类世和我们表述的技术统治压倒了政治统治，都表明在自然人类文明与技术人类文明之间出现

1. 希拉·贾萨诺夫：《发明的伦理：技术与人类未来》，第 12 页。
2. 参看希拉·贾萨诺夫：《发明的伦理：技术与人类未来》，第 14 页。

了断裂，人类文明已经进入一个过渡阶段，即自然人类向技术人类的过渡阶段。确认这种断裂和过渡之所以困难，是因为大部分学者和民众还站在自然人类的立场上，还局限于传统人文科学的知识范围，持有人文主义立场，而起于欧洲启蒙运动的人文主义恰恰就是种族主义、民族主义和人类中心主义的本质基础。现代技术的统治地位之所以是断裂性的，是因为它意味着自然人类精神表达系统的衰落和崩溃，意味着自然人类文化和历史的终结。[1]

然而，需要特别强调指出的是，确认

---

1. "历史的终结"是福山在《历史的终结与最后的人》里的断言，但在后来的论著中，他修正了自己的观点，认为"除非科学终结，否则历史不会终结"。参看弗朗西斯·福山：《我们的后人类未来：生物技术革命的后果》，黄立志译，广西师范大学出版社，2017年，第2页。

现代技术的统治地位，并不意味着我们想要主张和鼓吹技术决定论或者科学—技术乐观主义，在这方面，我更愿意采纳海德格尔的"存在历史"意义上的"命运观"——也许我们可以把它命名为"技术命运论"[1]。也正是因为近代以来的欧洲人缺失了命运感，再也不愿意承认自己的被规定状态，技术工业才得以兴起和占据支配地位；而如今"存在历史"进入"另一开端"之中，难道不是首先要唤起人类已经湮灭了的命运感吗？

第二，双重技术化。现代技术的统治和支配作用表现为自然人类身心两个方面的技术化，尤其是通过生物技术对身体（肉体）的技术化（基因工程），和通过人工智能对精

---

1. 有关一种区别于技术决定论和技术宿命论的技术命运论，这里不能展开，拟另文讨论。

神（心灵）的技术化（算法）。这种技术化根本上就是非自然化，其后果会在未来几十年间显露出来。在《未来简史》的结尾处，作者赫拉利给这本书的读者留下如下三个问题："1.生物真的只是算法，而生命也真的只是数据处理吗？ 2.智能和意识，究竟哪一个才更有价值？ 3.等到无意识但具备高度智能的算法比我们更了解我们自己时，社会、政治和日常生活将会有什么变化？"[1] 这些问题当然是吃紧的，但我认为最根本的一个问题是：这种对人类身体和精神的双重技术化—非自然化过程的限度何在？或者如我们所言，人类自然性与技术性的平衡是否可能？还有，我们也不妨问：这种平衡过程是"最后的斗争"的结果吗？是马克思所设想的共产主义

---

1. 赫拉利：《未来简史》，第 359 页。

社会的实现吗？

第三，福祉与风险。我们不可抹杀技术文明的积极意义，同时也要正视技术风险。斯蒂格勒的说法是：技术既是"毒药"又是"解药"。今天我们不得不承认，在技术及其后果问题上，现代人（尤其是人文学者）经常表现出某种浪漫主义的虚情假意，即一边享受现代技术带来的便利和福祉，一边指控和咒骂技术工业，扬言要回归美好的古代。海德格尔厌恶这种浪漫主义，认为科学的进步"将使对大地的剥夺和利用、对人类的培育和驯服进入今天尚不可设想的状态中，而任何一种对早先之物和异类之物的浪漫主义回忆，都是不能阻碍、或者哪怕只是遏制这些状态的出现的"。[1]

---

1. 海德格尔：《哲学论稿（从本有而来）》，第 184 页。

我认为，我们首先要肯定现代技术的积极意义和效应，如前文所述，现代技术使自然人类的生存可能性彻底发挥出来了，人类寿命不断延长，我们完全可以预期人类寿命从今天的近 80 岁向 150 岁迈进——虽然 150 岁的人类恐怕就不再是完全的自然人类了。须知"长生"是人类的生命本能和自然天性，也是人人享有的基本人权。这是现代技术的积极意义。但同时我们也必须正视技术风险，我们必须看到，在我们上面描述的现代技术四大基本要素（"四大件"）中，无论哪一项都足以对自然人类构成致命的、摧毁性的后果。其实，我在本文中只是提示了对自然人类身心两方面具有直接影响的几个要素，并未穷尽现代技术的其他种种现象和后果，比如最近大家普遍关注的温室效应和海平面上升的风险，比如技术无法抑制，反而有可能催生和推动流行病毒的全球传播，等等。

第四，泰然任之。基于上述现代技术之本质的二重性，我们对技术世界要开放与抵抗并重，以海德格尔的说法是既说"是"又说"不"，即他所说的"泰然任之"（Gelassenheit）。经常有人指责海德格尔的姿态过于消极，因为"泰然任之"至少含有一个意思，就是 let be，也就是"随它去吧"。但在我看来，海德格尔的"泰然任之"并非主张消极无为，更不意味着随意放任，而是一种合乎命运的"二重性"（Zwiefalt）姿态和策略，是我所谓的"技术命运论"。[1] 在

---

1. 参看本人于 2019 年 11 月 28 日晚以《海德格尔与技术命运论》为题在中山大学哲学系做的演讲。另可参看海德格尔：《存在的天命——海德格尔技术哲学文选》编译后记，孙周兴编译，中国美术学院出版社，2018 年，第 199 页以下。

技术—资本的整体裹挟下，我们现代人已经成为"欲望动物"，我们"要"得太多，为"要"而"要"，明明不行了还"要"，这当然是自然人类被技术化的后果之一。我们已经渐渐失去了"不要"（Nicht-wollen）的能力，已经不会"不要"了[1]。根本上，为了取得我们讲的人类的自然性与技术性的可能平衡，我们需要唤起一种稳重的定力。斯蒂格勒很好地揭示了这一点，他采用了热力学和信息学中的"熵"概念，认为人类世是"增熵"时代，即熵不断增长的时代。"全球范围内熵在加速增长……要是不彻底改变经济基础，我们将不会有下一个世纪了，关键在于减少熵，增加负熵。为此必须发明一个新的

---

1. 参看海德格尔:《乡间路上的谈话》，孙周兴译，商务印书馆，2018 年，第 100 页。

价值生产过程，重新定义什么是价值。"[1]斯蒂格勒建议抵抗消费主义，引入一种以"负熵"为基础的经济。他这种想法当然也不算新鲜，对欧洲知识人来说，这种姿态可以说是十分典型的。海德格尔早就形成了这样一种抵抗性的立场，并且把斯蒂格勒所谓的"消费主义"表达为"美国主义"；只不过，海德格尔更希望深入挖掘他所谓的"美国主义"的欧洲起源。[2]

最后让我们引用尼采的一段话："许多人死得太晚，有些人又死得太早。更有听起来令人奇特的信条：'要死得其时！'要死得其时：查拉图斯特拉如是教导。诚然，生不逢

---

1. 参看《斯蒂格勒专访：全球范围内熵在加速增加，这是最严重的问题》，澎湃新闻，https://www.thepaper.cn/newsDetail_forward_1702787_1。
2. 海德格尔：《林中路》，第104、124页。

时的人，又怎能死得其时呢？倒是愿他从未降生过！——我这样劝告那些多余者。"[1]尼采这话莫名其妙，我不想多做解释，似乎也不必解释。不过，即将走向"永生"之路的多余的人们，真的应该来想想尼采的问题：生不逢时，如何死得其时？

---

1. 尼采：《查拉图斯特拉如是说》，第110页。

第三章 海德格尔与技术命运论[1]

海德格尔的技术之思在他的哲学中占有重要的地位，其相关迷思可能是 20 世纪最艰深的一种。本文试图从

---

1. 根据本人为《存在的天命——海德格尔技术哲学文选》所撰的编译后记扩充而成，原题为《海德格尔的现代技术之思》。2019 年 9 月 16 日下午以《决定论还是命运论？——海德格尔技术哲学再思》为题在山西大学哲学学院演讲，根据录音成稿；本文定稿于 2019 年 11 月 28 日晚以《海德格尔与技术命运论》为题在中山大学哲学系的演讲。本文定稿第五部分记录了我在山西大学做报告时与江怡教授等人的现场讨论。

几个方面探讨海德格尔的技术哲学：第一，海德格尔前期的世界和时间学说及其技术哲学含义；第二，围绕"实验"（experientia）概念探讨海德格尔关于现代技术之起源的观点，落实于形式科学与实验的关系问题；第三，围绕"集置"概念讨论海德格尔关于现代技术之本质的基本看法；第四，围绕"泰然任之"概念讨论在海德格尔那里启示出来的关于现代技术的思想姿态。本文的主要意图还不在于讨论海德格尔的技术哲学本身，而毋宁说在于，从海德格尔的存在历史观和技术之思出发，反驳技术乐观主义和技术悲观主义，阐发一种所谓的"技术命运论"。

今天人类处于技术时代。关于技术有各

种各样的思考和态度，有技术决定论，有技术乐观主义，有技术悲观主义，有技术虚无主义，等等。技术决定论的前提实际上是技术乐观主义，秉持这一观点的人认为，虽然技术还不够，还有各种问题没有解决，甚至还带来了许多问题，但好在我们至少可以期待通过技术的进步把它们解决掉。由之引申出技术专家治国论和技术后果论之类的想法，它们大概是一条线上的。与之相对照，今天大部分人文学者抱持一种技术悲观主义和技术虚无主义的态度，说技术再这样发展下去，我们人类就要完蛋了。技术本身的双刃作用和意义，足以让技术乐观主义与技术悲观主义各执一端，互不相让。

于是，今天依然有一个问题摆在我们每个人面前：怎么看待现代技术及其后果？技术如此深刻地规定了人类的生活，使我们每个人还不得不采取一种看待技术的姿态。这就需要技术哲学的思考和讨论。

我并非技术哲学方面的专家，只是这几年来生发了一点兴趣，但要真正深入一个领域又谈何容易？我今天的报告主要讨论海德格尔的技术哲学，主题设为"海德格尔与技术命运论"。海德格尔的技术迷思可能是20世纪最难的一种，哲学界为之着迷者不少，但也有许多人对之不以为然，说他神神叨叨，胡说八道。我个人大概处于中间状态，以为海德格尔的技术思想确有新义，但也未必神化之。下面我主要分四点来讲：第一，讨论海德格尔前期的世界学说和时间学说及其技术哲学含义；第二，围绕"实验"概念探讨海德格尔关于现代技术之起源的观点，落实于形式科学与实验的关系问题；第三，围绕"集置"概念解说海德格尔对现代技术之本质的规定；第四，最后围绕"泰然任之"概念来讨论海德格尔对现代技术的态度。我的重点还要放在第四点上，就是想努力一把，从海德格尔那里引申出一种超越技术乐观主义和技术悲观主义的技术观点和姿态，我斗胆称之为"技术命运论"。大概就这么些想法，如果各位有别的事情要忙，现在可以走了。

一、重新理解世界与时间

我们知道海德格尔哲学大概以 1930 年为界，区分为前后两个阶段。[1]1930 年之前

---

1. 20 世纪另一位大哲维特根斯坦的哲学差不多也以此为界分成前后两期，都有着一种转折。两位哲学家之间是可以做一番比较和对照的。两人并不相互关注，但为何有此同步？这真的是一个可以讨论的问题，这里且搁下不表。

的海德格尔给人感觉是不关注现代技术的，因为他讨论的是存在学 / 本体论的问题，落实于此在的实存状态和生活世界。但我们也必须看到，前期海德格尔对传统哲学的解构和对生活世界（周围世界）的重新理解（现象学式的理解），根本上仍然具有技术哲学的意义，因为这已经是一个被技术工业规定的世界。今天被现代技术改造的生活世界需要新的经验。如果人们还是用老旧的经验来衡量这个世界，总是沉湎于过去，甚至总是美化过去、蔑视现实，那就会出问题的，那就无法面对现实。海德格尔当然不会这样。现在我们完全可以认为，以《存在与时间》为代表的前期海德格尔的思想目标和思想成果就在于重新理解这个新生活世界（技术人类文明），质言之，就是生活世界经验的重建。

海德格尔的这项工作主要体现在两个方

面：一是重新理解世界；二是重新理解时间。如果我们并没有太大的纯粹存在学／本体论方面的兴趣，那么，我们就不得不认为，关于"世界"（Welt）和"时间"（Zeit）两大课题的新思考和新理解，无疑就是前期海德格尔最大的哲思成就。

在"世界"问题上，海德格尔受胡塞尔现象学的影响良多，并且进一步把现象学实存哲学化，拓展了现象学的关联性思维，而后者对传统西方哲学来说具有革命性意义。西方传统哲学根本上是一种超越性思维，古典哲学寻求一个存在学／本体论的先验形式结构，认为事物的存在就在于它的自在结构（物是"自在之物"），近代哲学完成了一次转换，即"自在"向"为我"的转换，物是"为我之物"，存在被设定为"被表象性"或"对象性"。在这两种哲学中，"超越"

（Transcendence）都是一个核心问题。受传统线性时间观的驱动，传统哲学实施了"线性超越"策略，旨在构造一个纯形式的、无时间性的先验领域。

胡塞尔看得很清楚，认识论的基本问题就是"超越"问题："认识如何能够确定它与被认识的客体相一致，它如何能够超越自身去准确地切中它的客体呢？"[1] 胡塞尔试图通过意向性学说来解决这个问题，其意向性概念的特征之一是所谓的"先天相关性"思想：意识不是一片空海滩，不是一个有待充实的容器，而是由各种各样的行为组成的，对象是在与之相适合的被给予方式中呈现给意识的，而这一点又是不依赖于有关对象是

1. 胡塞尔：《现象学的观念》，《全集》第 2 卷，倪梁康译，上海译文出版社，1986 年，第 22 页。

否实际存在而始终有效的。这就是说，对象（事物）是按我们所赋予的意义而显现给我们的，并没有与意识完全无关的实在对象和世界"现实性"。因此，意向意识本身包含着与对象的关联，此即"先天相关性"。胡塞尔写道："意向性概念原则上就解决了近代认识论的古典问题，即：一个起初无世界的意识如何能够与一个位于它彼岸的'外部世界'发生联系。"[1] 海德格尔对认识论问题没有兴趣，对胡塞尔所谓的"先天相关性"却是心有戚戚，因为他从中发现了一种新的事物规定和世界理解的可能性：事物的存在既非"自在"亦非"为我"，而在于"关联"。海德格尔说这已经是一大进展或者转折，但还不够。

---

1. 胡塞尔：《现象学的方法》，黑尔德编，倪梁康译，上海译文出版社，2005 年，第 18 页。

不够在哪里？海德格尔说"现象"有三义，即"内容意义"（什么）、"关联意义"（如何）和"实行意义"（如何），胡塞尔停留在关联意义上了，所以还不够，关键还要看"关联意义"之"如何"的"如何"——意思就是，"关联意义"是如何发动和实行的。这就有了《存在与时间》中以此在之"关照"（Sorge）为核心的此在在世分析，此在通过"照料"（Besorgen）营造了一个"周围世界"，又通过"照顾"（Fürsorge）构造了一个"共同世界"。这种此在在世分析的根本点还在于对作为"因缘联系"的世界的理解，人生在世，是在一个物物互联的环境里，也是在一个人人相关的关系中。这样的想法当然是与西方哲学传统大异其趣的。而正是技术工业才促成了这种万物互联和普遍交往的新生活世界。

那么，这时候还有超越性问题吗？当然

还有，只是被转换了。就"世界"论题而言，我认为海德格尔把超越性问题转变为指引性问题了，就是每一个境域（世界）都超越自身，指引着更大的境域（世界）。而更为要紧的是，海德格尔进一步把超越性问题化解为此在的时间性问题了。这就涉及前期海德格尔的另一项工作：重新理解时间。

时间问题是前期海德格尔的基本课题，他的《存在与时间》原计划分两个部分："第一部：依时间性诠释此在，解说时间之为存在问题的先验视域；第二部：依时间状态问题为指导线索对存在学历史进行现象学解析的纲要。"[1]但实际上，海德格尔最后只完成了第一部第一篇和第二篇。我们且不管这一点，我们要关心

1. 海德格尔：《存在与时间》，陈嘉映、王庆节译，商务印书馆，2016年，第56页。

的是：海德格尔如何理解时间？海德格尔如何把超越／超越性问题归化为时间性问题？

海德格尔在《存在与时间》中说，传统的时间观都是"现在时间"，此时此刻是现在，过去是已经消失的现在，未来是还没到来的现在，所以时间就是一条"现在之河"，这就是线性时间。从亚里士多德开始，就已经有了这种线性时间观。他说："时间是运动的计量。"时间就是我站起来走到门口这样一种运动的计量。时间是直线的和均匀的运动。近代物理学也建立在这个线性的和均匀的时间观念基础之上。尼采在 1884 年左右形成"相同者的永恒轮回"学说，提出一种新的时间观念，我把它叫作"圆性时间"。[1] 海德格

---

1. 关于尼采的时间观，可参看孙周兴：《圆性时间与实性空间》，收入拙著《人类世的哲学》第三编。

尔继承了尼采的思想，对之做了推进，把它转化为一种以将来或未来为中心的曾在、当前与将来三维循环的时间性实存结构。

尼采和海德格尔都明显意识到了一种人类生活世界和世界经验的根本性变化。他们直观到今天的生活世界需要另一种时间经验。当然我们大部分时候采纳的是时钟时间，比如拿出手机来看一下几点了，哦已经四点钟了，有点迟了，等等，这个时钟时间或者钟表时间就是均匀的线性时间。自然人类的日常生活采取这样的尺度，这本身没错，但尼采和海德格尔会说，这是物理—技术的时间观，还不是原初的时间经验，或者说，还有非科学的时间观，即我所谓的圆性时间，就是一种实存论的时间理解。"超越"问题被移置了，被置于个体此在的"实存"上。海德格尔在《存在与时间》导言中为自己的哲学给出一种总体定位：

存在绝对是 transcendens（超越、超越性、超越者）。此在存在的超越/超越性（Transzendenz）是一种别具一格的超越/超越性，因为在其中包含着最彻底的个体化的可能性和必然性。对作为 transcendens 的存在的每一种展开都是先验的（transzendental）认识。现象学的真理（存在的展开状态）乃是 veritas transcendentalis（先验的真理）。[1]

此在存在（实存）的超越性是什么？海德格尔在上面这段话里没有明说，但据我的

---

1. 海德格尔：《存在与时间》，第54页（译文有重要改动）。

理解，显然就是时间性。海德格尔在别处写道："时间性是源始的、自在自为的'出离自身'本身。因而我们把上面描述的将来、曾在、当前等现象称作时间性的绽出。"[1] 所谓"时间性"就是此在面临边缘处境（死、无）而揭示出来的"超越性"的源始结构。此在实存（Existenz）即"绽出"（Ek-stase），即"超越"。传统的超越问题在此被实存化了，成了三维圆性循环的时间性绽出。[2]

概而言之，前期海德格尔的世界观和时间/时间性观具有颠覆性的意义。世界被理解为关联世界，时间性被理解为此在实存的超越性结构，或者说，传统无时间的超越被

---

1. 海德格尔：《存在与时间》，第 448 页。
2. 参看孙周兴：《语言存在论——海德格尔后期思想研究》第一章第四节，商务印书馆，2011 年，第 56 页以下。

时间化了。而海德格尔之所以能够达成这样一种新理解，根本原因在于在技术工业的改造下，生活世界变了，生活世界经验也相应地变了。

二、实验：从科学到技术 [1]

海德格尔的思想转向是在第二次世界大战中完成的。1933年，他当了10个月的弗莱堡大学校长，但10个月后就辞职不干了。第二次世界大战本质上是技术工业之战。众所周知，当年我们国家在技术工业上十分落后，不会制造飞机大炮坦克，一度被日本人打得狼狈不堪。海德格尔是在1933—1934

---

1. 相关文献可参看海德格尔：《存在的天命——海德格尔技术哲学文选》。

年以后，在二战的枪炮声中，明显地意识到技术工业正在脱离自然人类的控制，成为一种极端的异化力量，于是展开了关于现代技术的哲学思考，尤其在他的《哲学论稿（从本有而来）》(1936—1938）中做了深入的探讨。

现代技术已经全方位地统治了这个世界，其中有四大因素是最值得我们关注的。一是核武核能，二是环境激素，三是基因工程，四是人工智能，它们分别与物理学、化学、生物学和数学四门基础科学相关。我们在此可以清楚地看到基础科学的重要性。这四大因素都充分体现了现代技术的两面性，即福祉与风险并存。这就是说，它们可能造福于人类，但同样可能给人类带来灭顶之灾。虽然核武器只在1945年夏天爆炸过，但其惊人威力使自然人类彻底发呆发懵了，终于使人意识到自然人类历史的终结和所谓"人类世"的开始。化学工业改善了人类的生活，而作为它的后果之一，环境激素构成自然人类的一个最隐蔽的技术风险。生物工程是今天人们最担忧的，特别是基因工程，也是最近一些年里发展最迅猛的，其影响深不可测，也最让人纠结。它可能使人类寿命大幅延长，但也带来很大的风险，人们不知道后果到底会怎么样。[1]人工智能可能是今天最让人兴奋的，与之相关的互联网、大数据技术今天已经掌控了人类，现在谁还能离开手机和电脑？虽然人工智能还在

---

1. 前不久，媒体报道说日本政府批准了生物学家进行人类基因跟动物基因的杂交，后来说这是谣言，日本政府已经辟谣了，要禁止这个实验！我们已经有杂交的植物，比如杂交稻，但是把人类基因与动物基因杂交一下，会出来一个什么东西呢？后果是什么？不知道。

初级阶段，但有人（比如已故的物理学家霍金）已经无比恐慌，断言机器人消灭人类的时间已经不远了，自然人类存在的时间不长了。[1]

现代技术四大因素本质上发端于近代自然科学，而后者又直接源自古希腊的形而上学哲学传统。所以也可以说，古希腊形而上学通过近代自然科学和现代技术在全球范围内得到了实现。今天现代技术已经占领全球。但这里面有个难题，是我一直没有想清楚的。海德格尔在《哲学论稿（从本有而来）》中花了好大篇幅来讨论这个难题：源自古希腊的近代形式科学为什么可以与实验科学相结合，从而成就了技术工业？

---

1. 较详细的讨论可参看孙周兴：《技术统治与类人文明》，收入拙著《人类世的哲学》第二编。

形式科学的定律和规律与个体、具体的东西没有关系，与个别经验也无关。典型的形式科学有逻辑学、几何学、算术等，实际上语法和存在学／本体论也可归于形式科学。为什么在古希腊产生了形式科学而别处一概没有？[1] 这本身已经成了问题。进一步的问题是，为什么形式科学可以被实验化？这事想来无比怪异。我认为这也是思想史（哲学史和科学史）上尚未完满解决的两大问题。

关于第一个问题即形式科学的产生，海德格尔在 1935/1936 年弗莱堡冬季学期讲座

---

1. 我们知道，罗素在《西方哲学史》中就认为"希腊文明的突然兴起"是人类历史上"最使人感到惊异或难于解说的"事，而希腊文明的核心要素，在罗素看来是他们首创了数学、科学和哲学。参看罗素：《西方哲学史》上卷，何兆武译，商务印书馆，1986 年，第24 页。

《物的追问》(《全集》第 41 卷）中做了专题讨论。我注意到这个讲座的时间，恰好与海德格尔写作《哲学论稿（从本有而来）》的时间相合。在《物的追问》中，海德格尔从"学"（mathesis）与"数学的东西/数学因素"（mathemata）的关联入手，认为在希腊已经产生了"数"意义上的"学"。希腊原本的"学"是"模仿"，是"模仿之学"，但到希腊哲学和科学时代就已经有了"数之学"（mathesis），这两种"学"有着根本的区别，海德格尔一言以蔽之：可"学"的不是具体的 3 个苹果或 3 个人，而是 3。但如果没有 3 这种在先的认识，我们如何可能"数" 3 个苹果、3 个人呢？[1]

---

1. 更详细的讨论可参看孙周兴：《从模仿之学到未来之学》，收入拙著《人类世的哲学》第四编。

海德格尔更关心的第二个问题，就是形式科学如何可能与实验科学结合起来。这个问题首先可以表达为现代科学与古代科学的区别问题，海德格尔正是由此入手来讨论的。他比较了亚里士多德的运动观与牛顿和伽利略的运动观。亚里士多德认为，物体是根据其本性而运动的，这是他基于古典的"自然"理解的运动观。而牛顿的第一运动定律（惯性定律）则不然，认为任何物体若无外力影响，都将保持其静止状态或匀速直线运动。[1]在这两者之间到底发生了何种变化呢？海德格尔居然看出了八大区别，举其要者：首先是牛顿惯性定律不再区分地上和天上的物，而是抽象地说"所有物"；其次是以直线运动取代了亚里士多德的圆周运动；再就是惯

1. Martin Heidegger, *Die Frage nach dem Ding*, S.86.

性定律把"位置"抽象掉了；运动与力的关系被颠倒了，力的本质是由运动定律来规定的；自然不再是物体运动的原则，而是成了物体在空间和时间中在场的形式；等等。[1]根本点还在于对自然／存在的理解变了，亚里士多德那里的具体的物—位置—空间关系被形式化和抽象化了。

那么，形式科学到底如何可能被实验化？或者说，现代实验到底是如何发生的？海德格尔讨论了伽利略的自由落体定律和他做的比萨斜塔实验。在亚里士多德的运动学说中，物体是按本性／自然运动的，重的物体向下运动，轻的物体向上运动；如果两个物体一起下落，则重的必定快于轻的。伽利略的观点则恰恰相反，他认为，一切物体下

---

1. Martin Heidegger, *Die Frage nach dem Ding*, S.87—89.

落速度相同，下落时间的差异只是由于空气阻力，而不是因为不同的内在本性。伽利略试图通过实验来证明此点，这就是著名的比萨斜塔实验。但实际上这是一个不可能成功的实验，因为自由落体的两个物体，一个轻的和一个重的，只有在真空状态下才是同时落地的；要是不在真空状态下，这是不可能的事，不同重力的物体从塔上下落的时间并不是绝对相等的，而是有细微的时间差异，但伽利略仍旧坚持自己的观点，实验的目击者便更怀疑他了。[1] 伽利略当时却宣告自由落体实验成功了。自由落体定律是一个形式科学的规定，通过这个不成功的比萨斜塔实验被"证实"了。但这个实验的实际情况到底如何，其实是无关紧要的，也与他的自由

---

1. Martin Heidegger, *Die Frage nach dem Ding*, S.90.

落体定律无关，重要的是这个实验表明：形式—数学的世界是可实验的。现在看来，这一点显得十分关键，因为它把形式科学与实验科学结合起来了。有了这个结合，才有了近代科学和技术工业，这才有了今天这个最数学——普遍数学——的技术时代。海德格尔指出，伽利略做的实验其实是一种"心灵设想"（mente concipere）：

　　　　所有物体都是相同的。没有任何运动是优越的。任何位置对于任何物体都是相同的；每一时间点对于每个物体都是相同的时间点。任何力只是根据它在运动变化——这一运动变化被理解为位移——中引起的东西来加以规定。对物体的一切规定都有一个基本轮廓，据此轮廓，自然过程无非是质点运动的时空规定。这一关于自然的基本轮廓同时也限定着自然的普遍同一的领域。[1]

一句话，一个有别于古典时代的自然世界的形式—数学的抽象物理世界形成了。我们当然可以说，伽利略的实验无论是否成功，都表明当时知识的兴趣已经转移，从静观式的沉思转向了务实的和行动的经验和实验。这样的说法没错，但似乎还不够。进一步，海德格尔在《哲学论稿（从本有而来）》中试图区分"经验"与"实验"。有不少学者认为中世纪后期就出现了经验科学的兴趣及现代科学的苗头，海德格尔却持有不同的看法。海德格尔从德语字面上来理解"经

---

1. Martin Heidegger, *Die Frage nach dem Ding*, S.92.

验"，认为 experiri 意味着"冲向某物，某物冲向某人"，也就是德语里的动词 erfahren。这种"经验"（experiri）还不是"实验"（experientia），而只是"实验"的准备。海德格尔写道：

> 作为考验性的走向和观察，经验的目的从一开始就在于制订出一种合规则性。……唯在有一种对本质性的，而且仅仅在量上规则性地被规定的对象领域的先行把握之处，实验才是可能的；而且，先行把握因此规定着实验及其本质。[1]

所谓"经验"，乃"一种对被寻求者的

---

1. 海德格尔：《哲学论稿（从本有而来）》，第189—191页。

先行把握，也就是对被追问者本身的先行把握。相应地，〈它乃是〉程式的设置和安排。然而，这一切 experiri［经验］都还不是现代的'实验'。现代'实验'（作为试验的考验）中决定性的因素并不是'设备'本身，而在于问题提法，亦即自然概念。现代意义上的'实验'乃是精确科学意义上的 experientia［实验］。因为精确，所以才是实验"。[1] 这就是说，"实验"的决定性要素是数学："因为现代'科学'（物理学）是数学的（而不是经验的），因此它必然地是在测量实验意义上实验的。……恰恰数学意义上的自然筹划乃是'实验'（作为测量实验）的必然性和可能性的前提。"[2]

---

1. 海德格尔：《哲学论稿（从本有而来）》，第 195 页。
2. 海德格尔：《哲学论稿（从本有而来）》，第 192 页。

因此，海德格尔得出结论，认为现代实验之可能性的基本条件有两项：其一，对自然、对象性、被表—象状态的数学筹划；其二，现实性之本质从本质性（普遍性）向个别性的转变。"唯有在此前提下，一个个别结论才能要求证明和证实的力量。"[1]这个结论如何？用简化的表达，现代实验的基本条件是数学＋个体化（个别化）。海德格尔的这个结论恐怕会让人失望，但哲学家的讨论大概只能到此为止。无论如何，我认为他的思考方向是对的。形式科学与实验科学的结合才导致了今天的人类技术文明。要是没有这个结合，今天的技术工业文明是不可设想的。所以这是一个特别重大的问题，还需要进一步

---

1. 海德格尔：《哲学论稿（从本有而来）》，第 193 页。

讨论。

三、集置：现代技术的本质

接着我来讲第三个问题：现代技术的本质是什么？我们说过，海德格尔的技术哲学被认为是 20 世纪最艰难的一种，难在哪里呢？主要是对海德格尔的 Gestell 一词的理解。美国学者詹姆逊说这个 Gestell 是 20 世纪最神秘的一个词语。这个德语词语的意思就是"架子"，所以已故的熊伟先生把它译成"座架"，但在海德格尔这里，这个译名不是太确当，或者说还不够；我认为我们更应该从字面上来理解，前缀 Ge 就是"集 / 集中"，词根 stell 就是"置 / 放置"，所以我把它翻译成"集置"。到目前为止，学术界似乎还只有少数人采用了我建议的这个译名，有人甚至也不用熊伟先生的"座架"，造出另一些奇奇怪怪的译名。

海德格尔区分现代技术与古代技术，把现代技术的本质规定为"集置"。所谓集置，包含着对现代技术及作为现代技术之基础的物观念和存在观念的规定和解释。现代技术被海德格尔设想为在"存在历史"的第二个阶段的现象，即近代以知识论哲学或主体性形而上学为基础的现象。也就是说，海德格尔认为，如果没有近代知识论，没有主体性哲学，就没有现代技术。所以在这个意义上，可以说海德格尔是对现代技术做了一个存在历史性的理解。

从存在历史上看，海德格尔的集置实际上是一种对象化。什么叫对象化？我们已经听得太久太多了，我们的哲学材料里总是讲"主体""客体""对象化"，听得学生们都麻木了，但"对象化"实际上是近代哲学的核心概念。[1] 所谓对象化有两个层面，一个是在观念和思维层面上，我们一般说哲学思维和科学思维，即在康德那里完成的表象性思维。众所周知，康德是一个诚实的哲人，他说物本身是什么，我不知道，也是不可知的，我只知道物对我来说是什么。欧洲古典哲学总是说：物的存在在于它本身，物本身有一个结构，构成了事物的存在。但到欧洲近代哲学就不一样了，康德说：物的存在就是被表

---

1. 我曾经说过，如果我们通过"主体""客体""对象化"这套认识论说辞来解说马克思哲学或马克思主义哲学，那么我们就面临一个危险，就是把马克思哲学又拉回到近代哲学里，我们就把马克思哲学降低了。马克思是一位现代主义哲学家，甚至是一位当代哲学家，已经超越了康德、黑格尔等的德国古典哲学，或者更应该说，已经超越了近代哲学。参看拙著《人类世的哲学》第一编。

象，物的存在在于 for me，物对我来说是什么。什么叫"对我来说"呢？就是说物有没有进入我的表象性思维范围之内，物有没有被我（主体）所表象，物有没有成为我（主体）的对象。康德为这个事情花了不少脑筋，他有时候说"表象"，有时候说"设定"。康德为什么是近代哲学的完成者？因为他完成了这一步，即把物的"存在＝被表象性＝对象性"这个等式建立起来了。这种观念上的对象化是集置的第一个意义：集置就是表象（Vorstellen）——"表象"这个译名不好，为了与"对象性"相对应，它更应该被译为"置象"。

不过，海德格尔的作为对象化的集置还有第二层意思，就是在行动—操作—制造层面上，说的是对事物的摆置和置弄（stellen），比如说 Herstellen 就是把事物置造／制造出来，Verstellen 就是伪置／伪造事物，Bestellen 是把事物订置／预订了，好比人们发现南海海底有可燃冰，但凭借现在的技术手段还开采不了，不过我们迟早是要开采的，它就已经被预订了，进入我们的集置范围之内了，这叫"订置"。在这种对象化意义上，集置就是"置造—伪置—订置"等行动的复合。

所以，我们要从这两个层面上来理解作为对象化的集置。这样说来，海德格尔所谓的"集置"就并不多么令人费解了。这在根本上是一个"存在历史"的规定，是从主体性形而上学批判意义上给出的关于现代技术之本质的界定。

除了把现代技术的本质规定为集置外，海德格尔还把技术与"解蔽"联系起来，以他的说法就是："集—置乃是那种摆置的聚集，这种摆置摆弄人，使人以订置方式把现实事物作为存料而解蔽出来。"[1] 现代技术是一种解蔽方式，这是什么意思呢？我们知道海德格尔重新理解和翻译了希腊的 aletheia［真理］，把它改译为"无蔽、解蔽"（Unverborgenheit）。这种改译意义重大，因为我们习惯的"真理"是一个知识学概念，即"知"与"物"的符合。这已经是常识了，我下一个知识判断，表达一个命题，若是与对象相符合，那就是"真的"，若是不相符合，那就是"假的"。海德格尔会说，这事没这么简单，所谓"解蔽"即"揭示"，不光认知和认知判断是揭示，我们的许多行动都是揭示行为，我把你看作什么，如此简单的感知也是一种揭示。海德格尔进一步认为，知

1. 海德格尔：《演讲与论文集》，第 26 页。

识 / 科学还不是原初的揭示，创作、牺牲、思想等可能是更原初的揭示，即真理。关键还在于，"一切解蔽都归于一种庇护和遮蔽"。[1] 若是没有遮蔽，何来解蔽？因为我把你看作什么，已经构成一种对你的遮蔽——区分、掩盖和否定，等等，如果没有后者，实际上我无法把你看作什么。

现代技术当然也是一种解蔽 / 揭示。但这种解蔽 / 揭示并不是原初的和基本的，而是派生的或衍生的。它以上面描述的集置方式把事物当作"存料"（Bestand）而揭示出来。现在它已经成为一种统治性的力量，迫使人类"一味地去追逐、推动那种在订置中被解蔽的东西，并且从那里采取一切尺度"，由此锁闭了人的其他更原初地参与"无

1. 海德格尔：《演讲与论文集》，第 27 页。

蔽状态"的可能性。[1] 这就把人带入"危险"（Gefahr）之中了。海德格尔有一段话写道：

> 对人类的威胁不只来自可能有致命作用的技术机械和装置。真正的威胁已经在人类的本质处触动了人类。集置之统治地位咄咄逼人，带着一种可能性，即：人类或许已经不得逗留于一种更为原始的解蔽之中，从而去经验一种更原初的真理的呼声了。[2]

这里所谓"更为原始的解蔽方式"是什么呢？显然是 techne 意义上的，也即艺术和手工意义上的揭示和解蔽。但我们现代人已

---

1. 海德格尔：《演讲与论文集》，第 28 页。
2. 海德格尔：《演讲与论文集》，第 29 页。

经离开这种意义上的真理了，我们已经进入另一个体系之中。由于现代技术的这种集置作用，自然人类的生活世界和文化世界已经衰败，正在瓦解之中。大家注意我用的词语，叫"自然人类的生活世界"，今天在座各位包括我自己，表面看来还是自然人类，但已经要大打折扣了，大概要打个六七折了，我们已经不是自然人了，我们已经被技术工业加工过了，身体和精神两方面都被深度加工过了，而且还在不断地被加工。此即海德格尔所说的现代技术"已经在人类的本质处触动了人类"。

四、二重性：技术命运论

特别是在 20 世纪的进程中，技术哲学越来越成为一门热门学科或研究领域。有人把海德格尔称为技术哲学的先驱人物。这恐怕还是有失妥当的。实际上，技术是一个十分古老的哲学讨论课题。古希腊哲学家亚里士多德对技术问题就有过深入思考。往近处说，至少弗朗西斯·培根可算最早的"技术哲学家"。正如一般哲学的发展状况一样，在技术哲学上同样也有路线分歧，有人文主义的技术哲学与科学主义的技术哲学。国内有学者区分了所谓技术哲学的四个传统，即社会—政治批判传统、哲学—现象学批判传统、工程—分析传统、人类学—文化批判传统，海德格尔自然被放在哲学—现象学批判传统里面了。[1] 这个区分比较细致，但若简明一些，仍不妨依照米切姆（Carl Mitcham）

1. 吴国盛编：《技术哲学经典读本》，上海交通大学出版社，2008年，第5页。

的划分，分为工程派技术哲学（Engineering Philosophy of Technology）和人文派技术哲学（Humanities Philosophy of Technology）两大派。[1] 从哲学史的角度来看，米切姆的划分基本上仍旧与我们所熟悉的经验—分析哲学传统（科学主义）和人文哲学传统（人文主义）之两分相合。海德格尔的技术之思，无疑属于以欧陆哲学为主体的人文派。我愿意把海德格尔看作人文主义路线上对技术问题思考最深入的一位思想家。

但在对待现代技术的态度或姿态问题上，海德格尔并不是一个简单的人文主义者，而不如说，他既反对科学主义和技术乐观主义，也不赞成具有技术悲观主义倾向的人文主义。对此他是有充分自觉的，他明确地区分了两

---

1. 吴国盛编：《技术哲学经典读本》，第 5 页。

种姿态，即"盲目地推动技术"与"无助地反抗技术，把技术当作恶魔来加以诅咒"。[1]这两种姿态实际上就是技术乐观主义与技术悲观主义，都不可取。海德格尔试图超越这种简单的二元对立，而要走出一条中间道路，我称之为"技术命运论"。这种姿态当然会左右不是、两面不讨好的。

关于现代技术世界，海德格尔有一个著名的说法，即"泰然任之"，德文的Gelassenheit，英文的let be，熊伟先生把它译成"泰然任之"，蛮有意味的。let be是什么意思呢？let be就是不要紧张、放松，你看我们现在都不会放松了，紧张得不得了，所以要放松再放松。所谓let be，就是要对技术世界保持既开放又抵抗的姿态。海德格尔说什么呢？我们

---

1. 海德格尔：《演讲与论文集》，第28页。

对技术世界既要说"是",又要说"不",这种想法和态度可以说是采取了"中道"姿态。现在人文学界有许多"假人",他们一方面反技术,另一方面又享受着技术。我有个朋友回国以后坚持不用空调,后来他夫人跟他说,你再不用空调我就跟你离婚了,于是只好乖乖地装上了。大家看他还是不彻底呀。今天谁真的能回避和否定技术呢?

我们必须看到技术的普遍性。今天最可怕的情况是,我相信各位跟我一样,今天一整天都没碰到过手工的东西,全是机械制造的物品。但是,也就是三四十年前,我上大学的时候,我们的生活世界还是以手工物品为主的世界,放在我们桌子上的东西大部分是手工的,我们的椅子都是木头椅子,人工做的,好多器具也都是手工做的。在工业化进程中,我们的生活世界已经发生巨变,有人问我这个变化主要体现在哪里，我的说法是，我们的生活世界变成抽象的世界了。我面前这个茶杯，如果是机械产品的话，在我面前放几千个，我就没法把它与别的茶杯区分开来了，这时候我对它的感知就会落空，因为我们自然人类的感知经验是靠事物的差异性来确认的。我今天进这个教室，各位都长得蛮好看的，都长得不一样，感觉蛮好；如果我进来，各位长得一模一样的，我肯定说完了，这个世界有问题了。但是今天的技术正在把我们往一样的方向整啊。我现在明显有一种感觉，我们的学生长得越来越类似了。这是技术工业的后果之一，它有一种强大的同质化的敉平作用。技术工业无法抵抗，但不抵抗行吗？这就是另外一个问题了。海德格尔说 let be，根本意思是说，要让今天由技术工业制造出来的技术对象重新回到生活世界里。我想其中至少含有一个意思：要使技术对象变成有差异的个体。这个想法会不会让人觉得很无聊？可能吗？技术产品怎么可能"降解"成生活世界里面的事物呢？

还有一点，在技术—工业—商业时代里，人类正在变成奇怪的欲望动物。我为什么要加上"奇怪的"这个形容词，说"奇怪的欲望动物"？因为以前自然人类也有激情，也充满着欲望，但今天人类的欲望无比怪异。为什么这么说？我们处身于这样的一个状况：我们的能力越来越差，但越来越想要。这才变得奇怪了。人类已经进入这样一个状态，一直是要要要，然后就不行了，开始发明各种药和各种手段，让他变得还能要。人要要要，要不了还要，人类就处于这样一个艰难的悖谬的状况中。结果是什么？结果是我们失去了"不要"的能力，因为我们太要了，习惯于要而不会"不要"了。尤其在今天的中国，特别是在上海，你在路上看到的人一个个都弄得跟总理或总统似的，行色匆匆，忙得跟狗似的，却不知道在忙些什么。你问他赚钱了吗？好像也没有。不但没有，这两年因为互联网金融平台倒闭，好些还跳楼了。就今天这个欲望经济而言，法国哲学家斯蒂格勒用了"熵"的概念。斯蒂格勒说，人类世是"熵"不断增长的时代，没完没了，绝路一条，所以要抵抗消费主义，打造一种以"负熵"为基础的经济——但这是可能的吗？

斯蒂格勒的技术哲学是可以接通海德格尔有关"泰然任之"的思想的。而在我看来，围绕"泰然任之"概念，海德格尔实际上阐发了一种技术命运论。所谓"技术命运论"到底意味着什么？我在此愿意指出如下三点：

其一，主张现代技术是一个存在历史现

象，是命运性的。正如我们前文所指出的，海德格尔是在存在历史的意义上，特别是从主体性形而上学批判的角度来规定现代技术的。在把现代技术的本质揭示为"集—置"以后，海德格尔明确地说到"命运"："现代技术之本质居于集—置之中。集—置归属于解蔽之命运。"[1] 海德格尔把现代技术理解为一个存在历史现象，认为是在近代主体哲学的影响和规定下才会产生近代实验化的科学，进而形成技术工业。在此意义上，海德格尔认为，现代技术已经成为一种自主的力量，我们人类已经无法控制它了。海德格尔还进一步认为，正是因为自近代以来，欧洲人变得自我感觉越来越好，人的主体性越来越强大，于是缺失了那种存在命运感，现代人作

---

1. 海德格尔：《演讲与论文集》，第 28 页。

为规定者再也不愿承认自己是被规定的，所以才会有现代技术和技术工业，技术工业才会占据支配地位。

其二，承认技术统治已成定局，人类被技术所规定。人类进入新的文明阶段，自然人类文明向技术人类文明转换，海德格尔称之为"存在历史"的"另一个开端"。现在我们完全有理由把这种转换标识为"人类世"了。所谓"技术统治"是与传统的"政治统治"相对而言的。以前自然人类文明实施的是政治统治，就是通过商讨、讨论来完成权力运作。我们一屋子人谁当老大？不要以为坐在中间的就是老大了，那不对，我们投个票呗，哪怕装样子也要投一下。以前在自然人类文明状态中，无论是封建制度、资本主义制度还是社会主义制度，多多少少都是通过商讨或协商来实现权力运作和政治治理的，但进入技术工业时代以后，情况就变了，统治方式也变了。美国总统特朗普很牛，但大家也要注意，现在美国政治的一个决定性因素却是技术资本。我这样讲比较抽象，举个例子，特斯拉的马斯克是美国积极鼓吹要跟中国搞贸易战的重要人物之一，但贸易战刚开始，他就拖着拉杆箱，跑到上海浦东来拿地了，在浦东建了特斯拉工厂。这就叫技术资本的力量，这时候，政治恐怕只不过是技术资本的表现形式。这正是问题所在，技术统治的意义会变得越来越明显，越来越强烈。

如何来理解现代技术的统治地位？人们现在不愿意承认现代技术的统治地位，甚至理解不了这种状况，主要原因在于多数学者和民众还站在自然人类的立场上，还局限于传统人文科学的知识范围。这是一个大问题。现代技术的统治地位意味着自然人类精神表达系统的崩溃，后者的主要成分是传统哲学、宗教、艺术。尼采说"上帝死了"，真正的意思是自然人类精神表达系统崩溃了。对自然人类来说，哲学是制度构造的基础，宗教是心性道德的基础，所有的制度背后都有一种哲学，就像所有的道德背后都有宗教。尼采为什么说自己是个"非道德论者"？因为他知道宗教已经退出历史舞台了，而没有宗教的敬畏感，何来道德？所以我们已经进入了一个非道德主义的时代。20世纪出现了那么多有关"后哲学"和"后宗教"的讨论，说哲学完了，宗教完了。不要以为这些哲学家在瞎掰，他们是在揭示一个文明的新现实，这个新现实就是：自然人类文明退出，另一种文明开始了。

其三，贯彻"是"与"不"的二重性，既顺命又抗命。如前所述，海德格尔的"泰然任之"主张对技术世界既说"不"又说"是"，这是技术命运论的基本策略，即坚持顺命/听命与抗命/抵抗的二重性，努力启动文明中非技术性（非对象化、非主体性）的要素。一方面，我们确认现代技术的统治地位，但并不意味着要主张技术决定论或者技术乐观主义。什么叫技术乐观主义？按尼采的说法只有两点：自然可知，知识万能。整个欧洲启蒙运动的核心要素也就是这两点。技术命运论承认技术统治，但并不主张技术乐观主义。另一方面，技术命运论也不主张技术悲观主义，不是要对技术世界采取逃避甚至诅咒的态度，而不如说，我们要直面技术世界，采取积极的抵抗姿态。在这个技术统治的时代里，我们需要通过艺术人文科学进行抵抗，主要通过艺术与哲学的方式进行抵抗。因为如果没有抵抗，自然人类文明将加速崩溃。

作为自然人类的我们心有不甘。海德格尔的技术之思意在重新唤起近代以来已经消失掉的命运感。今天我们已经失去了这样一种能力，无力于感受命运，不能承认我们是被规定的。但海德格尔想告诉我们，如果我们自然人类还要有未来，就必须恢复这样一种感觉：我们是被规定的。

五、关于技术之本质的讨论

江怡：非常感谢孙周兴教授。大家都知道孙周兴教授是国内著名的海德格尔专家和尼采专家，有大量这方面的著译，而且最主要的是，国内目前主要的海德格尔著作都是由孙周兴老师主持翻译或者他亲自翻译的。最近他出版了30卷本的《海德格尔文集》。

应该说，他今天的报告就是基于他对海德格尔的技术观来做了一个反思，同时也契合我们当今时代，因为大家知道，今天我们面对的这个世界是一个变化的世界，而且这个变化，可能是最后的变化，走向可能是我们没法预测的。这个没法预测的原因，就是刚才周兴教授说的技术导致的控制，所以我们不能够知道未来。就是我们今天不知道明天会发生什么。这是一种让人很沮丧的结果。所以在这个前提下，我们来考察每一个人，我讲每一个人是作为个体的一个存在，因为我们现在很难说一个人类的概念。什么叫人类，人类的概念在很大程度上已经是近代哲学的一个范畴了。今天我们讲的是个体的人。个体的人将面临这样一种技术统治、技术垄断的时代，或者叫作技术控制的时代，我们怎么来表征我们每一个人的特殊性？所谓每一个人的特殊性，恰恰是每一个人存在的根据，因为没有特殊性，你被技术所同化，被科学所同化，你就变成一颗机器上的螺丝钉了，跟《摩登时代》里的一样。所以从某种意义上来说，怎么在一个技术控制的时代保证个体的特殊性，这恰恰应该是我们关注的问题。我觉得今天下午的讲座，因为周兴教授这么多年以来一直行走于不同的领域之间，哲学、艺术、宗教等，近些年也涉猎当代科学的很多问题，他不像有些人，至少不像我吧，我一直坚持的是传统意义上的哲学专业领域，所以他的视野十分广阔。

实际上，我们今天来讨论这个问题有很强的现实意义，它不是一个浅显的学理问题。我同意他的说法，我们虽然不是科学家，不是做科学研究的专家，但我们还是有能力或者有可能去了解当代科学的发展，至少我们可以通过我们的了解来对科学取得的许多成就或者说科学现在发展的阶段及其后果做出一些讨论，给出我们的判断，我想这是我们应该做的事情。如果你完全不做判断，任科学家他们自己做，我想这是不对的。那么在这里，在很大程度上，我个人觉得，对技术的反思，从上个世纪30年代开始，海德格尔所做的一些工作其实已经在很大程度上影响到了当代技术的发展。

不能说海德格尔的思考没有作用了，有些人说哲学家只是关起门来自己说说而已，who cares about you？谁在乎你呢，对不对？就像我们知道，德雷福斯，伯克利大学分校的哲学教授，他在上个世纪70年代的时候写过一本很有影响的书，叫作《计算机不能做什么？》，我们也翻译成中文了。这本书出版以后，很长时间搞计算机的这帮人都不跟他玩儿了，不跟他玩儿到什么程度你们知道吗？连在餐厅共同吃饭，他们都羞于跟德雷福斯坐在一起。如果你跟他坐在一起，他的同事们就会问了，你怎么回事呀？吃饭跟他坐在一起都觉得是一种羞辱。但就是这样一位哲学家，他在90年代又写了第二本书《计算机仍然不能做什么？》来进一步表达他自己的观点，可以说坚定不移了。

我们知道人工智能不过是计算机技术的一个阶段而已，并不是一个神奇的东西，就像刚才周兴教授说的那样，它就是一个算法。那么这种算法在多大程度上会影响到我们人类的行为，当然最重要的是影响到人类的思维，这其实是我们需要考量的。因为现在的技术统治在很大程度上已经成为现实了，包括我儿子也在学技术，学的是电子工程，最后也做了软件工程师，干的也是这套东西。

我整天在他耳边说，你要读点人文科学的东西，读点哲学，他就是不读。但我们这种现状是什么样的呢？在很大程度上我们也不能妄自菲薄，或者我们自夸自大说："啊，哲学如何重要，人文如何重要，你们不重视是你们的错，不是我们的错。"但现实的问题是人家不 care 你，这是一个大问题。刚才孙周兴教授讲的德国，人文学科已经不像过去那样受到重视了，这种情况在英美国家更是如此。我上次在我们学院做报告时，专门讲到这个问题，分析了人文学科在英美国家的衰落。在很大程度上，这种情况的出现是时代变化的结果，不是哪些人或者说采用什么方式而有意为之的东西，而是一种技术本身发展到一定程度导致的结果。所以在上个世纪30 年代，海德格尔能够从哲学的高度去深刻反思技术对人，尤其是对自然人类存在的毁灭性打击，这在很大程度上对我们今天来说仍然是有价值的。早在上个世纪80年代时，《世界哲学年鉴》约我写稿，其中有一个条目就是技术哲学，我写的就是海德格尔的技术哲学。

孙周兴：我做海德格尔这么多年，好像从来没有专门谈过海德格尔的技术哲学，今天这是第一次吧。但国内学界谈得蛮多的。

江怡：讨论技术哲学的学者多半会涉及海德格尔，也必然会涉及海德格尔。技术哲学本身跟技术没有关系，而是跟哲学有关系。而跟哲学有关的技术哲学恰恰是从海德格尔开始的。所以我想这一点是非常重要的。最后为了节省时间，我想提一个问题。其实也不能叫问题，而是一点感想。你刚才提的技术命运论作为科学乐观主义与科学悲观主义的中间道路这个说法，我觉得是可以再商榷的。因为在我的判断中，乐观主义和悲观主义是我们对于科学、对于技术的一种态度。而你所谓的技术命运论在我看来不是一种态度，而是一个关于技术存在方式的思考结果。我不知道你能不能接受我这个说法。如果我这个说法可以成立的话，那么显然，技术命运论跟技术乐观主义和技术悲观主义就不在一个层次上。你的层次要比他们高——当然这是恭维你的话。我的意思说白了，就是技术乐观主义和技术悲观主义的确是对科学的两种不同态度，两种极端态度，但你讲的技术命运论不是态度，而是一种对技术本质的追问。我不愿意把它叫作技术命运论，而更愿意把它叫作技术宿命论。技术宿命论是什么概念呢？就是说我们被技术控制，我们被技术抛在这个世界上，今天上午在讲课的时候我还专门提到这个观点，说人生活在世界上不是我们选择的结果，我们是被迫的，对吧？海德格尔也说人最初是被抛在这世上，什么叫被抛在世界上？就是说你是被动的，你不是主动选择到这个世界上来的。当然我们可以选择离开这个世界的方式，但你不能选择来到世界的方式。既然你不能选择来到这个世界的方式，这就意味着你在这世界上生活的每一步都受到别人的支配，所以你就有宿命感。你一定是有宿命的，而在现代社会中，一个最重要的宿命论因素或者说决定你命运的因素，不是别的，恰恰就是技术。

孙周兴：江怡教授的这个问题很尖锐，主要是想否定我今天的报告。这是开玩笑了。我刚才报告中为什么引出这个不出名的美国学者贾萨诺夫？他提出技术决定论的三个表现形态，即决定论、专家治国论，还有结果意外论，他认为这三个其实都是技术决定论，说到底就是我刚才提到的两点，一是技术进步不可避免，二是抵抗技术是没意思的，这其实就是你讲的技术宿命论。

江怡：我明白你说的，决定论其实是宿命论。

孙周兴：更应该说，决定论必然会走向宿命论。

江怡：对。技术乐观主义和技术悲观主义这样两种态度跟技术命运论的主张，按我的理解，恐怕还不在一个层面上。你可以把技术决定论和技术命运论放在一个层面上，这是没问题的。你认为这是另外一条道路，我不讲第三条，我主张只有技术决定论或者技术非决定论，因为技术决定论一定还有对立面。

孙周兴：所以我本来告诉你，我的报告题目是《决定论还是命运论》。

江怡: 这是一个正确的思路,就是在决定论与命运论之间做出一个选择,当然你也可以说在决定论与非决定论之间找到中间道路,这么说,总之是对决定论的一个回应。

孙周兴: 好吧。我大概还坚持着一种人文立场(不是人文主义),就是说在这个技术决定的时代里,艺术人文科学依然要发挥它的抵抗力量。这种抵抗力量是什么呢?有何意义呢?就是说技术与政治之间的,或者说自然人类与技术人类之间的平衡是可以预期的,两者之间的平衡是我们可以期待的最佳结局。

江怡: 对,你刚才讲的这个问题涉及一个很重要的理念,我觉得非常有意思,就是说我们现在在讨论技术概念的时候,实际上并没有真正理解技术对人类的决定作用,恰恰相反,它是表面上看似以技术统治的方式,而实际上还是政治统治的方法。

孙周兴：是的，我太同意了。今天我们都在大学里面，我已经待了40年了，一步步看过来的。以前我们说，这个青年不错，虽然学历不够，但实力够了，我们考虑一下，把他聘为讲师、副教授什么的，但现在根本就不可能了，今天全部要量化和数据化，统一的格式化考核和管理，这是全面技术化的表现之一。你只有两篇文章，而他有八篇论文，他就胜出了，就这样了，我们一点抵抗力量都没了。

江怡：有才华的人恰恰是因为技术控制而失去了真正进步的机会。这是一个大问题。

孙周兴：我完全同意你刚才的说法，今天中国是最量化和技术化的国家。

江怡：而且这种量化和技术化，我一开始就反对。我最早反对讲课用这种PPT，但是没有用。最早一次大概是 2005 年，我在北师大讲课的时候。

孙周兴：你等我走了再说，好吗？

江怡：不是针对你的。我第一次去北师大讲课的时候，2005 年吧，我忘了我讲的是什么内容，总归是一门哲学课，我就没用 PPT，后来有一个督导，在课结束时找到了我，说："江老师你讲得真好，我都记笔记了。"我说："您是哪位？"他说："我是地理系的退休老师，我都记笔记了。"我说："您多提意见，多提批评。"他说："都挺好的，就有一点给你建议。你为什么上课不用PPT？"这变成一个问题了。后来我也用了，在学校讲课多了，做了行政工作以后，这变成一种要求了。

孙周兴：你知道我在学校开会，一堆理工科的院长主任，全用 PPT，我上去以后没有PPT，讲完以后感觉还蛮好，就下来了。一个技术学院院长说："孙老师，你难道不知道，没有PPT我们是不讨论的吗？"我当时怒了，问他："谁说的？谁规定的？你把文件拿出来！我就不用PPT，怎么的？"说完就恶狠狠地盯着他，他就傻在那儿了，他没想到我会来这么一句。现在大学行政体系里大半是他这样的技术专家，用他的说法，你不用PPT就别拿出来。

江怡：不提这个体系了，现在大学校内全这样了。我记得我作为行政主管要去旁听老师们讲课，有的老师上课一个板书都没有，全部念PPT，念完就走人。我说这样的老师根本就不合格。

孙周兴：我给自己解释一下吧，我是怕山西人民听不懂我的普通话，所以今天上午做了一个简单的PPT，总共才十几页，不好意思。

江怡：不是啦，你已经是在技术控制的最低范围内有所调整了。但我是想说，在现代社会中，尤其是在当下中国社会里，我们这种"技术治国"是以道德的方式体现出来的。这就构成一个巨大的冲突。这种道德的方式以威权方式来要求人们必须按照这个做，你如果不这样做，你是违反道德要求的，而不是违反技术要求的。在这一点上，天下没有道理可讲，也找不到地方可以为你评理的。所以这真的是一个很头疼的问题。

孙周兴：看看同学们有没有什么问题，不然成了我们俩的对话了。

江怡：当然我只是开个场，剩下的时间留给大家，因为在座的好多是我们的专业老师，第一排是几位年轻老师，还有博士生、硕士生。机会难得啊，因为孙老师第一次到我们学院来，也希望大家提一些问题。

孙周兴：山西大学比同济大学要好多了，因为同济大学还是理工科强势，这个PPT的概念更强烈，你在里面更痛苦些。

教师一：我突然想到，当我们说技术决定论的时候，好像技术上升到一个主体的地位，不由人类控制了，但是我觉得从经济学的视角看，包括人工智能这些学科的发展，市场的力量也很重要。人类科技史上，实际上主导技术发展的是资本的力量。如何理解资本的力量在您所说的"技术统治"状态中的意义？

孙周兴：我当然同意这个说法，因为现代技术问题不光是技术问题，也是一个资本问题。我们可以用一个连字符号来表示，说"技术—资本"，这样来表达更好。为什么今天中国的资本力量还不够强？就是因为技术还不够强。或者更应该说，技术和资本是一体化的。我去年有点发疯，明显越位了，写了一篇马克思哲学的文章，写了一篇中国哲学的文章。然后有一天开会，有一位搞马哲的朋友就讽刺我："不要以为写了一篇马哲的文章就是马哲专家了。"我只好呵呵了。我这次为什么要关注马克思哲学？因为我认识到，马克思最早看到技术掌控下的资本和生产方式，这一点太强大了。马克思在《1844年经济学哲学手稿》里就说，重要的是生产方式，不是生产什么，而是怎么生产，怎么生产是一个技术问题。马克思脑子很清楚，他看到技术工业时代开始了，一个新的文明时代开始了，他用一套逻辑把整个技术资本掌握下的资本主义生产方式描述了一遍。马克思之后，技术—资本的支配地位就更显赫了。

教师二：孙老师好，我对技术哲学领域不太了解，就像您讲过现代技术的本质就在于技术有一种集置作用，我们处在技术无所不在的这种支配性影响中。我们要以艺术和哲学的方式来抵抗现代技术。因此我就想问您，海德格尔有没有继续抵抗，关于艺术和哲学的抵抗方式有没有更多的阐述？

孙周兴：有。我慢慢地理解了海德格尔为什么后期转向对艺术、诗性文学和神秘主义的关注。这些关注慢慢地在战后的当代艺术里面就表现出来了。实际上，海德格尔后来的主要影响不再在哲学领域。如果在哲学领域的话，就表明他失败了。恰恰相反，海德格尔的影响主要在当代艺术、当代文学、建筑和其他学科领域，主要就是因为他知道哲学的时代已经结束，他自己的哲学在哲学上也没有意义了。就像今天在国内也是这样，读我翻译的海德格尔的书的，大部分不在哲学系，而在文学艺术领域。这是个问题，这也是二战以后德国当代艺术和哲学的格局。二战以后，德国当代哲学除了社会哲学和政治哲学，纯思意义上的哲学少之又少。哈贝马斯的师兄阿佩尔还有比较纯粹的哲学理想，但是后面都是政治哲学、社会哲学等，哲学本身在德国战后就不行了。但另一方面，今天德国已经成了世界当代艺术中心，以博伊斯和新表现主义为代表的德国当代艺术成了今天世界艺术的主流。所以我做了一套书来讨论这些。我认为海德格尔的成功就在于此，就在于他的思想已经在今天当代艺术的讨论中表现出来了。大概是这样，但今天我没时间了，我正在写一本书《德国当代艺术理论》，现在还只有10万字，还没写完呢，不过已经在各处演讲了几次。

江怡：希望下次你能来讲讲这个主题。

孙周兴：好，没问题。

同学一：孙老师，我刚刚听到您的一个建议，就是要从哲学、宗教、艺术三个方面对技术的侵蚀做出抵抗。但我想，因为现在科学技术的力量实在太强大了，这三种方式在面对技术这种强大的压力时是不是有点微不足道？这三种方式是不是可行？或者说我们可以想，如果这三种方式不可行，我们是不是可以再用技术，再发展一种技术来解决技术产生的问题？

江怡：以毒攻毒了。

孙周兴：我跟你不是一条道上的，你是技术决定论者，我还不是。技术决定论者什么意思呢？就是主张技术的问题只有通过技术的进展来解决。人文科学没意义，声音太小了，对不对？所以我开玩笑说我们是两条道上的。在这个问题上，当然很多人跟你的想法一样。技术决定论者、技术乐观主义者的基本前提，就是说技术的进步最后会解决它导致的问题和风险。但我的思考是这样，比如说我跟一位朋友有过一次争论，他认为人工智能替代不了我们，原因在于人工智能不会反思，而我们人类会反思。我说这个不对吧，什么叫反思？按照胡塞尔的说法，我在看你，而且我知道我在看你，第二个行为就是反思行为，就是对自身意识行为的把握，这不就是反思吗？反思就是对自身意识行为的把握。人工智能也会这种反思呀，人工智能的深度学习，它的反馈和自动修正机制，不就是反思吗？而且它比我们人类搞得更好嘛。

江怡：这个我觉得不一样。

孙周兴：是吗？哪里不一样了？

江怡：关于这个问题，我专门写了文章讨论。所谓反思概念，实际上是自我意识概念。我不用反思，而是用自我意识概念。那么人工智能本身具不具有自我意识的功能？这是一个问题。如果我们能够锻炼具有人工智能特征的机器人具有自我意识能力的话，那就说明它已经不是机器了，它已经跟人具有同等的意识水平。但这是不现实的。我不说未来能不能达到，至少现在的技术是达不到的。因为这里面涉及两个基本概念，第一，什么叫意识？意识就是能够通过它完成某个意识行为，能够表征其意识存在，意识的表征是通过它的功能来实现的。第二，当我们实现了一个意识活动的时候，我们能不能把这个意识活动简单地看作或者归结为它执行某一个操作或者某一个算法所导致的结果？这是两个完全不同的东西。那么人的意识究竟是怎么发生的？认知记忆怎么发生？比如说，我们可以把人的大脑当中的某一个部分做切片，甚至我们可以观察，非常细致，到脑细胞、脑电波的程度，但这是不是能构成意识本身？哲学家肯定不会认同。最后一个方面就是自我意识的产生本身，恰恰是我们人类自身的一个经验的集合。这种经验的集合是唯有在自然人类中才会出现的，但是自我意识本身，如果说机器本身或者具有人工智能特征的机器具有自我意识的话，那你就承认了它跟人具有同样的经验。然而这个承认实际上是很难成立的。为什么？很简单，因为我们积累了所有人类以往的经验，这个经验叫知识，我们把所有以往的知识做成芯片植入电脑，让它具有这样的能力，它当然可以自我监督，可以自我形成。但这个自我监督和自我形成究竟能不能够产生和自然人类一样的自我意识，这本来就是一个不可解的问题。所以我当然持有一种反对意见，认为至少在现阶段，我不敢说以后会不会这样，至少在现阶段，当我们讨论人工智能是否具有自我意识时，还得慎重。

孙周兴：但是江怡兄，你把我的问题放大了，也就把我的问题搞没了，你知道吧？因为我说的是机器人是不是和人类一样有反思行为，你是说机器人有没有人的自我意识。那是两个概念。我说我在看一个茶杯，我知道我在看一个茶杯，从现象学角度说这就叫反思。

江怡：对，这个机器是可以做到的。

孙周兴：对呀，机器可以做到呀。当然我同意，机器不可能有我们人类的精神世界。为什么呢？这个精神世界的差别在哪里呢？差别不在反思啊，而是在我们的想象力和创造力。

江怡：对。但你用胡塞尔的反思概念来解释反思本身这种特征就是有限度的。

孙周兴：是的，有限度的。但要害在哪里呢？人类是一种怪异的动物，怎么怪异呢？你们看见我好像在讲课，其实我脑子里在想别的事情呢，这就是人的奇异性，跟想象力有关，机器是做不到的。这就是核心所在，这就是艺术与人文科学存在的意义。

江怡：这就说明为什么18世纪法国哲学家在提出哲学概念时要把历史和想象放在一起。历史是记忆的一部分，想象就是创造力，而历史就是记忆。

孙周兴：在这个意义上，我就认为对人工智能来说决定性的算法、大数据并不是我们人类生活的全部，所以我们要抵抗，如果我们连这一点都没有了，那我们变成什么了？智能意义上的机器人吗？

同学二：孙老师我有两个问题，其实就是一个问题。我们同样关注抵抗问题。第一是如何把海德格尔这种抵抗和本雅明他们的审美救赎区分开来？第二，我们知道这个欧洲学生运动式的艺术抵抗已经很成问题了，我们是否要重新思考像阿兰·巴迪欧提出的方式，是否还要重新拿起武器上街，用暴力的方式去抵抗？

孙周兴：太棒了。实际上对技术的抵抗，从19世纪马克思以后就开始了。最早的抵抗主张是谁提出来的？是瓦格纳和尼采。然后最明显的抵抗口号是谁提出来的？阿多诺。我最近几年慢慢转向当代艺术，主要是受阿多诺很大的刺激。阿多诺当时说了一句话把我吓了一跳，他说："艺术只有作为一种社会抵抗形式才有意义。"后来，当代艺术把抵抗概念普遍化了。抵抗是普遍的，你前进时要抵抗，你后退时也要抵抗，我们时刻都要抵抗。刚才江怡教授讲得很好，在当今时代里保卫个体，保卫个体的特殊性变成一个最难的问题了。因为技术是一个同一化、同质化网络，这时候保护个体变得无比艰难，几乎是不可能的事情，这个时候需要抵抗。哪怕我们把这种同一化过程稍微限制一下，使它放缓一点，也是我们的胜利。抵抗本身就是胜利。放弃抵抗是不对的，就有问题了。当代艺术为什么变得很重要？它实际上是强调彻底的个体性，完成个体的抵抗，完成奇思妙想意义上的创造，而这正是自然人类最后的地盘。当代艺术就是奇思妙想的东西，它把我们生活中的个体性的创造力付诸实现，付诸行动，行动变得无比重要。但当代艺术的思想起源在哪里呢？要是没有尼采、海德格尔等人的思想准备，就不可能有当代艺术。

我分析了一下中国当代艺术家，实际上有两批人，一批是从维特根斯坦出发，一批人是从尼采和海德格尔出发，背后都有一种哲学。最近又加了一批人，是从法国当代理论出发，就这三批人。但法国当代理论还是尼采和海德格尔的流传，所以实际上也还是两批人。因为当代艺术特别关注日常生活世界，艺术家们就得向维特根斯坦学习。维特根斯坦为什么说体系哲学做不下去了？他显然意识到世界已变成了碎片，这个时候你搞体系化的哲学就有点傻了。但是我们搞哲学的人有个毛病，写篇文章，写一本书，首先要有结构，如果各位来写一本维特根斯坦这样的《哲学研究》，那就完了，外审就被枪毙掉了。我最近要发表一篇文章，讨论这个问题，题为《没有论证，何以哲学？》。20世纪哲学好多没有论证的，没论证还是哲学吗？我的基本想法是，传统哲学主体是论证，但尼采以后，出现了非论证的或者弱论证的哲学。我提出一个概念，我们要为弱论证的哲学留一个地盘，这是我们抵抗的需要。这种弱论证哲学为当代艺术的开展提供了思想基础。在此意义上，艺术与哲学都变成了我们时代的抵抗形式。你的问题有点艰涩，我就说到这里吧。

江怡：非常感谢孙周兴教授的精彩报告，也谢谢各位老师和同学的参与。今天的报告就到这里。

附录

除了技术，我们还能指望什么？[1]

——由新冠疫情引发的若干技术哲学思考

由新冠病毒引发的疫情正在全球范围内肆虐，每天从网络上传来的冰冷的各国各地死亡人数令人哀伤，也让人感叹生命的脆弱和无常。正在被日益技术化的人类在看不见的神秘病毒面前依然束手无策，只能在恐慌中躲藏和封闭。

---

1. 本文系作者为《上海文化》杂志组织的"人与自然是生命共同体"专题而作，载《上海文化》，2020 年第 4 期。文中涉及的与疫情相关的数据和资讯截至本文定稿的 2020 年 3 月 31 日。

疫情带来灾难，灾难需要反思。本文试图从技术哲学的角度提出和讨论如下几个问题：面对这次世纪大瘟疫，人类进步了吗？为什么每一次病毒来袭，人类都只能缩回到自然状态？除了技术，我们现代人今天还能指望和信赖什么？技术乐观主义是唯一的策略吗？疫情改变了什么？疫情是技术世界的减速器还是加速器？

最近一些年来，随着以人工智能和生物技术为代表的现代新技术的加速发展，人群中技术乐观主义者趋多，人们信心满满，开始憧憬未来技术世界的新生命形态和新生活方式。要不是今天这场突如其来的新冠病毒疫情，人们大概还会继续沉湎于新技术的狂想和狂欢，渐渐忘掉了生命本体，忘掉了自然生命的脆弱和肉体的速朽。从 2020 年 1 月初的几十例，到今天（2020 年 3 月 31 日）的全球逾 85 万例确诊患者，只短短两个多月的时间，全人类业已进入普遍的恐慌之中，超过 70 个国家宣布进入紧急状态。而这场全球危机的结局如何，何时结束，目前都还说上不来。之所以说不上来，是因为这款被叫作 COVID-19 的冠状病毒十分怪异，神出鬼没，关于它的来龙去脉，我们还有太多未知。古往今来，人类最大的恐惧来自未知和不可见，根本上是对未知之物和不可见之物的恐惧。人类在看不见的神秘病毒面前依然束手无策，只能在恐慌中躲藏和封闭。但无论如何，这场关乎人类生存的巨大危机已经迫使我们思考这个技术时代的人类生活，它的来龙去脉。

本文尝试从技术哲学的角度来讨论新冠疫情危机，这就是说，本文试图撇开政治意识形态、伦理和社会治理等多样的视角和复杂因素，只把着眼点设定在技术与生命／生活这个核心问题上面——当然不是说其他视角和因素不重要，而是说本文暂时只能采取一个作者假定为重要的视角。由此技术哲学的视角，本文试图提出和讨论如下几个问题：1.面对这次世纪大瘟疫，人类进步了吗？2.为什么每一次病毒来袭，人类都只能缩回到自然状态？为什么现代人也难逃此劫？病毒到底意味着什么？3.人类通过技术最终能够战胜病毒吗？除了技术，我们现代人今天还能指望什么？技术乐观主义是唯一出路吗？4.疫情改变了什么？疫情是技术世界的减速器还是加速器？在疫情中，以及在可以期待的后疫情时代，个体如何自卫和自处？我们需要建立什么样的新生命经验？等等。这些问题都相当宏大和复杂，我在这里未必都能展开，只是尝试提出问题。

一、面对这次世纪大瘟疫，人类进步了吗？

　　病毒与人类历史相伴而来，在人类文明史上时隐时显，从未真正缺席过。赫拉利在他风靡全球的畅销书《未来简史》中开篇就给出一个断言：人类自古至今都面临三大问题，即饥荒、瘟疫和战争，而在第三个千年开始时，人类突然意识到在过去几十年间，我们已经成功地遏制了饥荒、瘟疫和战争。估计他自己也觉得这个判断太硬了，赶紧补充了一句：虽然这些问题还算不上完全解决，但它们已经从不可理解、无法控制的自然力量转化为可应对的挑战了。[1]赫拉利这个断言，

---

1. 赫拉利：《未来简史》，第 1 页。

无疑是一个技术乐观主义的判断。

如果单是从历史事实和数据来看，赫拉利的判断似乎不无道理。人类史上最大的一次瘟疫是14世纪的黑死病（鼠疫），通过老鼠和跳蚤传播，主要在欧亚大陆，致死人数达7500万到2亿人，约四分之一的人口消失（要放在今天，就相当于死20亿了）。紧接着来了一场规模更大、延续时间也更久的流行病，就是梅毒（Syphilis）。梅毒因为致死率不高或者说让患者缓慢死亡，所以较少被人记得和强调。15世纪末意大利人哥伦布发现美洲新大陆，这固然是伟大的历史事件，但不常被人提起的是，航海活动同时把梅毒这种性病带回了欧洲，使梅毒成为欧洲近代长达400年不治的大流行病，直到1945年青霉素问世。因梅毒致死的人数恐怕不会比黑死病少，一批欧洲名人如贝多芬、舒伯特、莫泊桑、波德莱尔、尼采、王尔德、乔伊斯等死于此病——当然也有人说，梅毒造就了一批欧洲天才，此说在此姑且不论。[1]

20世纪人类最大的流行病，当数1918年的"西班牙流感"和1981年开始的艾滋病（AIDS）。"西班牙流感"始于1918年1月的欧洲战场，不到一年时间里使全球5000万至1亿人丧命（当时总人口约15亿），超过了第一次世界大战的战亡人数。至20世纪后半叶，在梅毒渐渐消失之后，1981年下半年又出现了一种主要通过性接触传播的传染病，即艾滋病，这是一种由攻击人体免疫系统的病毒（HIV病毒）引发的恶性流行病，至今已致死2500万人之多（一说已超

---

1. 参看德博拉·海登：《天才、狂人的梅毒之谜》，李振昌译，上海人民出版社，2005年。

过 3000 万人），尚有感染者超过 3300 万人。

那么问题是：还会有大规模的严重流行病吗？赫拉利说，在过去几十年间，流行病在流行程度和影响方面都大大降低了。这是因为 20 世纪医学高度发达，比如艾滋病，虽然现在也还没有根除之药，但新研发的药物已经让它变成了一种慢性病。进入 21 世纪以后，短短 20 年间，人类一共碰到五次重大疫情，一是 2002—2003 年的非典型肺炎（SARS），二是 2005 年的禽流感，三是 2009—2010 年的猪流感（H1N1），四是 2014 年的埃博拉病毒，五是 2020 年初的新冠病毒。不过，新世纪的前四次流行病最终都没有造成大规模的全球大疫情，如"非典"死亡人数不到 1000 人，H1N1 死亡人数不到 2 万人，而死状特别恐怖的埃博拉病毒一共感染了 3 万人，致死 11000 人。这当然无法跟 20 世纪的"西班牙流感"和艾滋病相比了。赫拉利认为，这是由于人类采取了"有效的应对措施"。[1]

然而，病毒或疫情又来了。这一次来势凶猛，仅就现阶段看，其规模和毒性都已经超过了 21 世纪出现的前四次大流行病。至本文写作的此时此刻（2020 年 3 月 31 日），网上公布的数据显示，中国累计新冠肺炎确诊人数为 82615 人，累计死亡 3314 人；国外累计确诊 776729 人（已经是中国的 9 倍多），累计死亡 38818 人（已经是中国的近12 倍）。[2] 这个数字已经十分吓人了。全球民众进入恐慌时刻。

---

1. 赫拉利：《未来简史》，第 9 页。
2. 需要指出的是，这里有统计标准方面的问题，中国统计的是"新冠肺炎患者"，而美国统计的是"新冠病毒感染者"。

现在看来，这个新冠病毒仿佛是一种综合病毒，它在机理上是非典型肺炎的加强版，又似乎与艾滋病难脱干系，在强传染性上又与"西班牙流感"可有一比，据说致死率不算高，中国约为 4%，但意大利目前的数据是大于 8%。最可怕的是它的隐蔽性，最新研究表明，30%—60% 的新冠感染者无症状或者症状轻微，但他们传播病毒的能力并不低，这些隐性感染者可能会引发新一轮的疫情大暴发。[1] 这就让人防不胜防，有可能使目前全球各国各族普遍采取的隔离措施失效。

虽然好些国家都声称已经研发出了疫苗，试验了各种药物，但到目前为止，依然没有被普遍接受的技术手段和特效药，赫拉利所

---

1. 这是《自然》(*Nature*) 杂志新刊文章："Covert Coronavirus Infections Could Be Seeding New Outbreaks"，转引自 BioWorld 网站上的报道。

谓的"有效的应对措施"至今没有出现。目前，中国在制度性的整体动员之下，疫情看起来已经得到了控制，本土新发病患者已经多日清零，但欧洲和美洲一些国家，特别是意大利和西班牙，正在重演武汉市封城后几个星期内发生的崩溃状态。前些天传来的一个悲惨消息是，意大利50位神父因频繁探视新冠病人而不幸染病去世；而美国则已经迅速上升为确诊患者人数全球第一名（新冠病毒感染者，而非新冠肺炎患者）。我们可以推断，全球疫情下一波高峰将是印度和非洲大陆，而一旦那里的疫情开始扩散，后果不堪设想。

一场全球大疫已经到来，有人称其是"第三次世界大战"。无论"战后/疫后"后果如何，我们眼下已经能体会到的恐怕首先是：技术的限度与生命的脆弱。眼见技术时代生命的败局，我们不得不感叹：物质依然神秘，而生命依然孱弱。

二、为什么每一次病毒来袭，人类都
只能缩回到自然状态？

面对这场 21 世纪最大的新疫情，面对这个未知的、神秘的、狡猾多变的病毒，拥有高度发达技术的人类只好采用最笨拙、最原始的办法：隔离和封闭。技术多半成了完成这种围城式禁锢的辅助手段。这真的让人灰心和气馁。而中国之所以取得目前暂时的成功，原因主要也不在于技术，而首先在于全国人民自觉而规矩的居家隔离。疫情中心武汉被前所未有地封城，而中国其他城市也被变相封城，每个人都被禁锢于大大小小的住宅里。笔者居住于上海，已经宅家两个多月。

甚至有人认为，儒家文化传统在这个时候发挥了积极作用，中国人和东亚人是善于自我隔离的。数据显示，东亚三大国，中国、日本、韩国，目前确实都比较好地控制了疫情。

我们要追问的是：为什么每一次病毒来袭，人类都只能缩回到自然状态？我们这一代中国人进入新世纪后就经历了两次冠状病毒：2002 年的 SARS 和 2020 年的新冠病毒。两次的情形差不多，我们能采取的办法也一样，都是没办法的办法。所谓的抗疫，根本上就是隔离和封闭。居民在家里隔离（与外界隔离），偶尔出门用口罩隔离（与他人隔离）；医护人员穿戴全套的防护设备（与病人隔离）。今天全球抗疫的形势也一样，哪里隔离得好，哪里就成功些。没有人会想到，这个看不见的病毒竟然有如此强大的力量，能把全球人类都隔离起来，让喧嚣的城市世界变成一片寂静，让野猪在城市高架路上奔跑。

疫情围城中的城市生活可以叫作"城市自然状态"。我这个说法听起来不免滑稽。现代城市是技术工业的产物，是一个"普遍交往"（马克思语）的多功能体系，一个不让人"外出"的城市是一个与城市本质逆反的空间，其实就不能叫"城市"了。但现在一切都停摆了，所有具身的社交方式都被取消了，所有体验式的行业都关停了，只剩下了手机微信，在我们这儿还有微信的衍生物——快递业务；多亏了微信技术，让我们感觉到自己还在一个有人的世界里生活，也多亏了快递，让隔离的我们还能与外界有物质交流。

人类已经进入 21 世纪，被认为早已脱离了自然状态，然而为什么在病毒面前，我们现代人仍旧难逃此劫，依然只能通过隔离缩回到自然状态？答案当然很简单：时至今日，人类仍旧抵抗不了病毒，所以只好逃避。但病毒到底是什么？这种人类至今依然无法抵抗的病毒到底意味着什么？

"病毒"一词源自拉丁文的virus，原意为"黏液、动物精液；毒物、毒药；臭味、恶臭"。我不知道是谁把virus翻译成中文的"病毒"这样一个阴森可怕的词语。必须承认，这显然是一个人类中心论的译法。如果我们同意病毒是细胞的祖先，我们好像还没有理由用"病"和"毒"两个贬义汉字的组合来表达virus。我想，只是因为对人类生命体来说，病毒是阴损的，许多时候是有害的，甚至是毁灭性的，我们才会有此译法。

从物质形态上说，病毒是介于非生物与生物之间的存在物，可以说是从非生命物质到生命、从非生物到生物的"过渡"形态。这也就是说，病毒具有"双栖"即非生物与生物的双重属性，它一方面具有化学大分子的结晶功能，另一方面又具有生物自我复制的繁殖特征（它必须进入宿主细胞才能进行复制和转录）。这样一种"双栖"特性使病毒变得难以认识和掌握，迄今为止，人类还没有弄清楚病毒的起源，比如到底是细胞来自病毒还是病毒来自细胞，都还是争议不断的课题。从生物进化序列来看，病毒为细胞的祖先的假设更显合理，正如意大利分子遗传学家卢里亚（Salvador Edward Luria）所说的，病毒是在细胞出现前原始生命汤中的遗骸。

在生命存在论或物质存在论的意义上，介于生物与非生物之间的病毒实际上可被视为生命的边界和底线，是生命起源和存在之谜。近代以来，人类（欧洲人）通过物理学和化学"征服"了非生物世界，又试图通过生物学和生物技术"征服"生物世界。在技术工业的强力协助和支配下，人类通过化工、医药和农药工业彻底败坏了生命环境，加上暴力猎杀，地球上的物种不断灭绝——前述被认为是冠状病毒宿主的果子狸和穿山甲都已经是濒危动物。进入新世纪以来，基因工程加速发展起来，开始了对生命本体的技术化加工和改造，比如这次病毒被怀疑为人工病毒，不是完全没有依据的，因为人类已经具有通过基因编辑人工合成和重组病毒的能力，而且已经有了实体试验。这就是说，病毒不单单是自然风险，也完全可能是生物技术带来的人工风险了。无论如何，这就再次为今天快速发展的生物技术特别是基因工程研究敲响了警钟。[1]

---

1. 我们刚刚经历的前一次警钟是基因编辑。2018 年 11 月 26 日，世界首例基因编辑婴儿在中国深圳诞生，关于基因编辑的种种讨论成为全球关注的重大话题。

值得注意的是，中外研究者的相关研究表明，男性的睾丸是新冠病毒的潜在靶点，也即新冠病毒会攻击男性生精细胞，从而抵制男性生殖功能。[1] 这就不禁让人联想到另一个既有的事实：在环境激素的影响下，地球上的雄性动物的生殖能力在过去半个多世纪中已经大幅下降，尤其是发达工业国家的不孕不育比例大幅提高。如果按照有的科学家的预测，这次疫情真的将有 60% 的人被感染，那么，我们就不得不认为，这次新冠病毒的攻击也许是对自然人类的最后一击——这难道是人类的"宿命"吗？

新冠病毒以其怪异特性（综合性、高传染性、隐蔽性、变异性等）显示出自然生

---

1. 参看《多项研究称新冠病毒爱攻击男性这两器官》，澎湃新闻，https://www.thepaper.cn/newsDetail_forward_6489989。

命原体的阴森可怕，它造成的后果尚不得而知。但今天不得不缩回到自然状态的人类恐怕真得想一想：病毒到底是什么，意味着什么？病毒是不是构成不断被侵犯的自然生命的一种报复和抵抗？为什么人类进入21世纪了，病毒出现的频率却越来越高了？然后我们才能更进一步来思考：如何应对这种报复和抵抗？

三、除了技术，现代人还能指望和信赖什么？

如果我们把工业革命以来的技术称为现代技术，以区别于古代技术，那么现代技术迄今为止也就延续和进展了两个半世纪而已。以1945年第二次世界大战结束为标志，现代技术被确认为一种全球统治力量。有地质学家甚至想把1945年设为一个地质年代的分界线，即第四纪全新世的结束和人类世的开始。也有敏感的哲学家如斯蒂格勒、斯洛特戴克等，接过了"人类世"这个名称，开展技术文明的哲学思考。不论是否接受"人类世"之说，我们如今不得不承认，第二次世界大战确实具有转折性的意义，因为自那以后，技术工业进入"下半场"，而且进入了加速状态。尤其是进入21世纪，两大新技术领域即人工智能和生物技术成为突飞猛进的热门新技术，人类生活被带入加速轨道，虽然喜忧交加，但总的来说技术乐观主义占了上风，生活世界日益被科幻化。

一方面，技术——我特指"现代技术"——当然为人类带来了许多福祉，我们前面引述过的赫拉利的基本观点是可以成立的。更少战争、饥饿和瘟疫，更文明、更卫生的生活，更好的医疗条件，差不多翻了一倍的人类寿命，更规则、更自由的制度体系，更多的国际交流和人际交往，等等，这些无疑都是现代技术带来的"好处"。就此而言，一味咒骂技术工业，显然属于昧着良心说话了——可惜长期以来，人文学者多半有此爱好，就是一边享受现代技术，一边指控和诅咒技术，有的甚至叫嚷着要回到农耕自然文明。

但另一方面，我们确实也不得不承认，技术是一把双刃剑，用斯蒂格勒的话来说，它既是"解药"又是"毒药"。我们已经不用细细列述现代技术带来的风险和危机，只需指出，数学、物理学、化学和生物学，这四门基础科学最终都形成了重大技术风险，即以数学为基础的人工智能，物理带来的核武核能，化学工业造成的生态环境危机，以及生物学形成的基因工程，其中每一项所隐含的"危险"对今日人类来说都是致命的。技术乐观主义放弃了这方面的考量和评估，而只是守住了技术进步增进人类福祉的假象。

现代医疗观念根本上也是一种技术乐观主义，或者说是以后者为基础的。人类已经进入这样一个生命阶段：人们对医术、药物和医院的相信和依赖胜过了对自己身体的信念。现代人成了不相信自己身体的一群人，我们已经把"命"交给了医疗和药物。

在这次抗疫中，跟往常一样，一批医生成了明星。我们还记得，是钟南山院士首先于 2020 年 1 月 20 日宣告新冠病毒"人传人"；2 月 7 日，一个武汉普通医生李文亮之死让全国人民愤怒又心碎；性格直率的上海医生张文宏教授成了全国人民追捧的好专家和导师；等等。人们相信医生，几成迷信。同样地，人们期待有效药物的出现，当美国吉德利公司开发的抗病毒药物瑞德西韦（Remdesivir）来中国武汉临床试验时，人们把它称为——音译为——"人民的希望"。在医生和科研人员的推荐下，中成药双黄连口服液被认为可抑制新冠病毒，于是一夜之间，双黄连在祖国大地上脱销。有几百种药物问世或被问世，你可以把这种情况理解为病急乱投医，但其中也掺杂不少商业动机。

然后事实呢？事实是，到目前为止，世上还没有出现用于预防和治疗新冠病毒的有效药物。[1] 全球已经开始了疫苗研发竞赛。截至 2020 年 3 月 19 日，世卫组织（WHO）

---

1. 据报道，美国总统特朗普于 2020 年 3 月 30 日在白宫举行新闻发布会，宣称一种快速方便的新冠病毒检测方法问世，同时力荐一种羟氯喹、阿奇霉素和硫酸锌联合用药，被证明能 100% 治愈未转为重症的新冠病毒患者。但这两项技术尚未得到普遍认可和应用。

称已经有 41 家公司及机构在从事新冠病毒疫苗开发，而中美两国都已经宣布了新冠病毒疫苗的研发进展，中国新冠疫苗已开始人体注射试验，美国也公布疫苗进入临床试验阶段。但要进入实际应用阶段，恐怕尚需时日。据中国方面的说法，疫苗最快到年底才能上市。必须认识到，疫苗是预防传染病的自动免疫制剂，所以也不是有效的治疗手段，而是终极"隔离"办法。这也就是说，到目前为止，生物技术和医学技术对这个新冠病毒还无能为力，既没有特效药物，也还没有疫苗，所谓治疗，只是通过技术和药物让患者提高自身免疫力。

既然如此，我们对这个医疗技术体系的信赖还能成立吗？只不过，对技术时代的现代人来说，我这个问题差不多已经是一个假问题了。我们甚至不该怀疑技术最后能克敌制胜。因为如果我们不相信技术，不相信技术专家和技术工业生产的药物，那么我们能相信什么？一句话，除了技术，今天我们还能指望和信赖什么呢？

这就是技术统治时代——所谓"人类世"——人类的命运了：人类已经从自然状态进入技术状态，或者说，自然人类文明体系已经开始和正在加速切换为技术人类文明体系，自然人类的"上帝崇拜"已然转向了技术人类的"技术崇拜"。哪怕新冠病毒的打击使我们退缩，迫使我们重新归于一种自然状态，进入一种假性的自然状态，我们也还只能抱持一种技术乐观主义的态度，我们似乎只好相信：这个看不见的病毒的克星正在路上，即使暂时还没有克星，也终归会有最终有效的隔离手段（比如疫苗或者治疗性抗体）使我们免疫，使我们活下来。

看起来，舍此我们便无以安心和安身了。

四、世界将何去何从？疫情是技术世界的减速器还是加速器？

新冠疫情之下，我们每个个体都经历了和正在经历忧虑和恐惧。此时此刻，已是深夜，有人正在死去，化作明天早晨全球疫情死亡人数统计表上的一个无名的数字。未被感染者还是大多数。但未被感染者也在恐惧中，在各种担心中。各种预测纷至沓来，比如今天就有美国专家认为，将有20%至60%的人被感染。中国本土目前很少有新增病例，每天新增的都是从海外输入的，于是有人开始担心，有人建议彻底封国，有人甚至问：如果疫情继续在全球大范围流行，那么我们守得住吗？等等。

正在发生的疫情检测了全球化的成色：通常，理智几乎难以设想短短两个月时间的全球新冠疫情大流行，1月23日武汉封城，一片哀号之时，中国专家开始担心北京和上海等大城市成为下一个"武汉"，但当时没有想到，欧洲的意大利和西班牙、美国的纽约成了"武汉"。今天大概只在南亚和非洲大陆还没有大面积流行，但人们也开始恐慌了。新冠病毒告诉我们，世界确实已经一体化了，成了一个"命运共同体"，人类确实已经进入"普遍交往"时代了。但另一方面，武汉封城之后，各国开始从中国撤侨，境内各省各地也开始相互封锁，前几天中国外交部发布公告：自 2020 年 3 月 28 日 0 时起，暂停外国人入境——有网友戏称：上一次"封国"都是乾隆二十二年，即 1757 年的事了。这就不只是"一夜回到解放前了"。一场疫情让我们见识了全球化和人类共同体的存在，同时也让我们看到全球化体系是多么脆弱，不堪一击。网络全球化还在（虽然也有隔离），而物理全球化降至冰点。就在 3 月 26 日，比尔·盖茨在电视上呼吁：向中国学习，全美应严格封锁，持续 6—10 周的时间。

新冠疫情让人们认识到了技术时代人类普遍交往带来的普遍风险，于是各种逆全球化的声音在世界各地响起。有人声称这次新冠疫情是经济全球化的终点，有人说这是全球资本主义的新阶段，将彻底改变全球工业的生产方式和供应链，等等。其实最近一些年来，反全球化的保守主义和地方主义思潮已经日益高涨，而这次疫情进一步强化了这股势力。可以想见，在疫情之中和后疫情时代，人类不得不面临一种正在加剧的地方孤立隔离倾向与全球团结协作要求之间的紧张关系。

或问：全球化是可逆转的吗？自欧洲殖民时代开始的全球化进程将因为这次新冠疫情终结吗？我们必须看到，全球化及人类普遍交往是技术工业的后果。我们在今天普遍隔离的状态中还能听到包括反全球化在内的各种声音，这本身就已经表明：我们依然在全球一体化的体系之中，我们依然摆脱不了全球技术统治机制。疫情固然导致各国各族物理上的隔离，国际人际交往的萎缩，但另一方面，全球疫情也将进一步刺激全球化，因为虽然政治"嘴炮"不断，各种猜疑、埋怨和指责不断，但人们也终于认识到，各国各族如今都已经不可能独善其身，只有全球协作才能战胜疫情。[1]

技术工业已经彻底改变了我们。今日人类处境已经不一样了，即使在上一次 SARS

---

1. 本文完稿后，第七十四届联合国大会于 2020 年 4 月 2 日通过题为《全球合作共同战胜新冠疫情》的决议，强调新冠疫情已给人类造成巨大影响，国际社会应以世界卫生组织为指导，强化基于协调一致和多边主义的"全球应对"行动。

疫情时期，人类也还只有电话手机，今天我们使用微信手机，可以即时即地接收和传播信息。在中国抗疫过程中，微信互联网技术无疑发挥了巨大的作用，帮助隔离、求助求救、病情申报、疫情发布，等等，可以说是最大的抗疫辅助工具。但另一方面，我们也看到，微信和互联网技术使恐慌和情绪即时大范围传播成为可能，在很大程度上放大了恐慌，因而放大了疫情风险。

再有，互联网和数字技术在放大和操控民众情绪的同时，也使人变得麻木冷酷。当疫情成为一条条曲线，而死亡成为一串串数字时，人类除了患者及其亲人，其他人多半渐渐失去了对病患和死亡的具身感受。我自己的经验就是如此。在疫情最初一个月左右的时间里，我每天起床第一件事就是打开手机，登上百度的"疫情地图"，搜查各地确诊患者的数据和死亡数据，内心是伤痛和恐惧的，但随后渐趋麻木，甚至不再经常看了。问了一些朋友，都有类似的情况。这当然跟个人经验的适应和习惯化有关，但无疑也跟数字技术的抽象和疏离作用相关。一句话，这种技术人类的抽象经验已经跟自然人类的具身经验相去甚远。今天我们真的需要想想：当死亡成了数字，具身感知丧失，我们的死亡经验发生了何种变化？或者说，我们把死亡当成数字来理解意味着什么？

疫情中最令人紧张，也最令人沮丧的是我们的他人经验。萨特所谓的"他人即地狱"这一实存主义／存在主义的基本哲学命题似乎已经在疫情中展露无遗。疫情让人们对外部世界和他人产生了普遍的恐惧和不信任，我们把每个他人都当作一个潜在的病体或病毒传染源。在我们这儿更搞笑的是：我们一边叫喊着"武汉加油",一边排斥武汉人（湖北人），视他们为"瘟神"，见他们就躲避。地方保护主义兴起，各省各地都采取了隔离措施，在封城前离开武汉的武汉人成了一群不受欢迎的人，四处流浪；即便在结束封城后，人们仍旧把武汉人（湖北人）视为病毒载体，3月底在九江发生的由拒绝湖北人进城而引发的两省人员冲突，令人哭笑不得。

自然人类之间正常的交往经验是具体的、温暖的，包括亲吻、拥抱、握手等身体直接接触，以及聚餐、聊天、开会等间接接触，也包括我们大学里的讲课和讨论。但现在，情形完全变了，直接接触大概只在亲密家人之间，跟"外人"的间接接触被降到了最低值。疫情开始到今天，我只跟几位朋友有过一次私人聚餐，虽然环境应该是安全的，但当时的情况是：没有握手，自觉保持一定距离，开餐前就有朋友提出来"用公筷吧"，隐隐中透露出相互间的"不信任"或"不放心"。可以预期，疫情过后，人群中会出现不少交往恐惧症和自闭症患者。从3月开始，我所在的大学实行"开课不开学"，学生不能返校，一概在网上上课。有人问我：上网课是什么感觉？我说：基本上是对虚无讲课，感觉十分不好。

前几天网上传播一个感人的短视频：女友感染新冠病毒在医院抢救，男友希望见上一面，见面后男友果断脱掉防护服，掀开隔离的帘子，来到病床前与女友相拥相吻，视频字幕最后显示，这对意大利情侣已经双双离开人世。这个视频的真实性未知（现在网络传播的虚假信息太多），我们也可以不予追问，如果是真的，这大概是这场疫情中发生的最唯美、最凄惨的爱情故事，着实令人唏嘘。

疫情使人类本来已经越来越被技术架空和抽离的具身经验进一步丧失了。这是在我们的生命和生活中正在发生的事。我们完全可以设想，通过这次疫情，互联网和虚拟化数字技术将获得一次加速机会，从而推动从自然人类文明到技术人类文明的转换进程。在此进程中，个人自由权利不得不进一步被让渡给技术极权主义，上述具身经验的丧失与个体自由的萎缩是一体的。为了肉身的健康和生命的安全，我们只能屈服于技术控制，不得不进入"数字集中营"。

有朋友问我：疫情过后一切都会恢复正常吧？我说：放在以前可能是，因为人是健忘的，我们很快会忘掉伤痛，回归常态，继续前行；但这回可能不一定了，有些东西被激发了、被重塑了，或者被伤害了、被颠覆了，就不一定能重现和复原了。往大处说，这次疫情与以往在自然人类生活世界里发生的瘟疫不一样，它发生在以人类世为标识的技术人类文明得以确立的时代，它也许跟原子弹一样，也算得上是人类世的标志性事件之一。

技术在进步，自然在反抗，生命在衰退。技术已经改变世界，不变的是它的基本逻辑。这场世纪大疫情彰显了这个技术世界的各种矛盾和冲突，外与内、进与退、放与收、要与不要，都成了这个可以被叫作"人类世"的技术世界里多元交织的张力关系，经常令单一的立场采取和简单的判断表态变得愚蠢不堪。遗憾的是，我们在政治表态和互联网争论中经常见识这种愚蠢。我们承认我们今天处于一个多元化的世界，但我们经常喜欢采取一元独断的立场和态度，并且诉诸媒体。

同样地，技术也改变了自然生命。纵然已经受伤，已经颓败，但生命本体依然神秘，只是更需要呵护了，只是我们不知道如何珍重了。透过疫情，我们更清楚地看到了技术对个体生命经验的改造和重塑，包括前面讲的世界经验、死亡感知和他人意识，等等。在技术时代里如何安顿生命？我们需要建立什么样的新生命经验？如何保存个体存在，保卫个体自由？这将是疫情中、疫情后人类面临的更尖锐、更艰难的问题。

后记

本书原为拙著《人类世的哲学》（商务印书馆，2020 年第一版）之第二编"技术统治"，现单独成书，书名仍立为《技术统治》。以此为题，我并不是要简单地主张技术决定论或科学乐观主义。为免误解，我补写了一篇短文《如何确当地理解"技术统治"?》，以此为本书自序。

除了本书正文的三章文字（原为三篇演讲），我还增收了《除了技术，我们还能指望什么?》一文，作为本书的附录。该文系作者为《上海文化》杂志组织的"人与自然是生命共同体"专题而作,载《上海文化》2020年第4期。该文作于2020年3月下旬,正值新冠疫情暴发之际,世界沉寂又喧闹,人心恐慌而郁闷。在技术统治的人类世,作为"地球主人"的人类却无力应对无所不在又不知所终的微小病毒。三年多过去了,无形的病毒依然在行动。我这篇文章的追问也依然成立:除了技术,我们还能指望什么?

这次重整,我对正文也做了改动,但量不大。

2024年5月15日记于余杭良渚

图书在版编目(CIP)数据

技术统治 / 孙周兴著. -- 上海 : 上海人民出版社,
2024. -- (未来哲学系列). -- ISBN 978-7-208-19113
-6

Ⅰ. G303-05

中国国家版本馆 CIP 数据核字第 2024TS2437 号

责任编辑 陈佳妮　陶听蝉
封扉设计 人马艺术设计·储平

本项目受浙江大学教育基金会钟子逸基金资助

未来哲学系列

技术统治

孙周兴　著

出　版	上海人民出版社	
	（201101　上海市闵行区号景路 159 弄 C 座）	
发　行	上海人民出版社发行中心	
印　刷	上海盛通时代印刷有限公司	
开　本	787×1092　1/32	
印　张	7.5	
插　页	5	
字　数	76,000	
版　次	2024 年 10 月第 1 版	
印　次	2024 年 10 月第 1 次印刷	

ISBN 978-7-208-19113-6/B·1782
定　价 48.00 元